解锁

DeepSeek

开启多元智能应用新时代

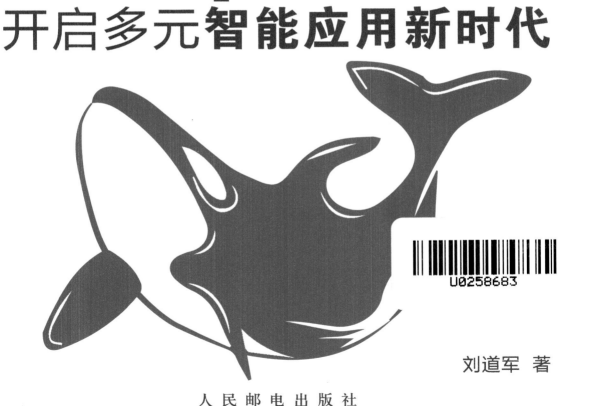

U0258683

刘道军 著

人民邮电出版社

北京

图书在版编目（CIP）数据

解锁 DeepSeek：开启多元智能应用新时代 / 刘道军
著. -- 北京：人民邮电出版社，2025. -- ISBN 978-7
-115-66671-0

Ⅰ．TP18

中国国家版本馆 CIP 数据核字第 20250QJ290 号

内 容 提 要

本书围绕人工智能技术及 DeepSeek 展开，深入探讨其在多领域的应用，助力读者掌握相关技能，提升工作和生活效率。

本书总计 8 章，先介绍了生成式人工智能及 DeepSeek 系列模型相关知识，以及 DeepSeek 的提问技巧，然后介绍了 DeepSeek 在职场办公、自媒体创作、数据分析与可视化等场景中的多元应用，还介绍了用其编写代码实现自动化办公的方法，以及与其他工具的集成、本地化部署和搭建私人知识库的内容。

无论是渴望提升工作效率的职场人士，还是对自媒体创作感兴趣的人员，抑或是希望掌握数据分析和自动化办公技能的读者，都能从本书中获取实用的知识和技能，找到适合自己的应用场景和学习方向。

◆ 　著　　刘道军
　　责任编辑　傅道坤
　　责任印制　王　郁　胡　南
◆ 人民邮电出版社出版发行　北京市丰台区成寿寺路 11 号
　　邮编　100164　　电子邮件　315@ptpress.com.cn
　　网址　https://www.ptpress.com.cn
　　固安县铭成印刷有限公司印刷
◆ 开本：720×960　1/16
　　印张：12.5　　　　　　　　2025 年 4 月第 1 版
　　字数：278 千字　　　　　　2025 年 5 月河北第 3 次印刷

定价：59.80 元

读者服务热线：（010）81055410　印装质量热线：（010）81055316
反盗版热线：（010）81055315

作者简介

　　刘道军，微软教育专家、微软人工智能专家、微软 Office 专家、金山 WPS 办公专家、微软系统工程师、微软认证数据库管理员。20 多年来，一直致力于企业培训工作，曾三次获得"湖北省 IT 职业教育教学先进个人"称号，并先后为国家电网、银行、移动、教育、电信、税务、烟草等众多行业或单位提供过上千场培训服务。通过多年的实践积累形成了独具特色的培训风格，深知"理论要联系实际，培训要贴近企业需求"，并以此信条不断优化培训内容，努力打造富有互动性和实效性的培训模式。

致谢

本书能够顺利付梓，离不开众多支持者的大力帮助。

首先，我要诚挚感谢我的妻子张梦丽和儿子张鼎坤。在无数个挑灯夜战的日子里，你们给予我理解与鼓励，让我有坚持下去的动力。

其次，向 DeepSeek 的开发人员致以崇高的敬意与诚挚的感谢，你们的技术突破与无私分享，为本书奠定了坚实的实践基础，让书中内容在实际应用场景中找到有力支撑。

此外，感谢人民邮电出版社为本书顺利出版保驾护航的全体工作人员。在本书从筹备到问世的每一个环节，都倾注了你们的心血与努力。正是因为你们的默默付出与专业协作，才让本书顺利呈现在读者面前。

最后，感谢正在翻看本书的各位读者。我想对每一位读者说："**AI 不会取代人类，但善用 AI 的人必将脱颖而出。**"愿本书成为你探索 DeepSeek 的起点，在智能革命的汹涌浪潮里，不仅助力你成为时代进程的敏锐见证者，更激励你勇立潮头，化身引领航向的领航者。

前言

在当下数字浪潮奔涌的时代，人类正处于智能革命的关键节点。如果说工业革命解放了体力，信息革命拓展了视野，那么人工智能（Artificial Intelligence，AI）的兴起则为我们带来了全新的创造力与效率的提升。在这场革命进程中，DeepSeek 以其独特的技术架构和丰富多元的应用场景，逐步成为全球开发人员、商业人士以及内容创作者关注与应用的前沿"智能引擎"。

作为一名在 AI 领域长期钻研与实践的研究者，我亲身见证了 DeepSeek 从实验室原型逐步发展成为一款广受欢迎的实用工具的过程。它的成功绝非偶然。在传统 AI 工具面临成本高昂、生态系统封闭以及部署流程复杂等问题时，DeepSeek 采取开源、免费且易于低成本部署的创新策略，迅速突破了市场障碍。开发者能够便捷地调用它的模型接口；企业不用投入巨额资金就能构建起私有化的 AI 环境；个人用户也能毫无门槛地体验 AI 带来的便利。

这种"普惠 AI"的理念，与思维链技术、推理—生成双模型架构紧密结合，显著改变了行业格局。如今，DeepSeek 不仅能够像人类一样，以合乎逻辑的方式撰写公文、生成代码，还能以极低的成本与 Office、Python 甚至微信实现深度整合，让"智能助手"真正走进千家万户。

DeepSeek 的风靡，本质上是效率革新与认知进阶的双重成果。在职场场景中，它能把原本需要数小时才能完成的烦琐文书工作，大幅缩减至短短几分钟；在创作领域，它如同为内容创作者配备了"灵感永动机"，源源不断地提供创意启发；在技术开发过程中，它甚至可以承担基础编码任务，从而让开发人员得以将创造力投入到更具价值的工作中。DeepSeek 所具备的这种"多元智能"特性，使其远远超越了普通工具的范畴，成为真正能够赋能个体与组织发展的超级助手。

然而，当下不少人仅仅将 DeepSeek 视为"高级聊天机器人"，并未充分发掘其潜藏的巨大价值。鉴于此，我决心撰写本书，期望助力读者实现从对 DeepSeek 仅仅"听说过"，到能够切实"用得上"的转变，进而从"用得上"提升至"离不开"的深度应用，让 DeepSeek 在工作与生活中发挥出最大效能。

本书组织结构

本书共 8 章，内容由浅入深，从基础认知到高阶应用，全面覆盖 DeepSeek 的核心功能与实战场景。

- **第 1 章　欢迎来到 DeepSeek 的世界**：作为通往智能世界的"入场券"，本章先介绍 AI、机器学习、深度学习的基础概念，梳理生成式 AI 的技术脉络，然后重点解析 DeepSeek 的思维链技术如何模拟人类推理，讲解推理大模型与非推理大模型的协同机制。通过对比传统 AI 局限，展现 DeepSeek 在意图理解、多任务处理与跨场景适配上的颠覆性优势。最后，本章以浅显易懂的方式，一步步引导读者完成 DeepSeek 的注册登录流程，深入了解界面操作细节，并针对常见问题提供切实可行的解决办法，帮助读者快速迈出第一步。

- **第 2 章　掌握提问技巧，让 DeepSeek 更懂你**：提问的质量决定答案的价值。本章深度剖析 DeepSeek-V3 与 DeepSeek-R1 这两大模型的差异，针对这两个模型分别介绍 RTGO 与四要素指令法这两种提示语撰写技巧，并解锁多轮对话记忆、实时联网搜索、多格式文件解析等进阶功能。本章通过大量实例演示，教会读者如何像"训练 AI 伙伴"一样优化提问策略。

- **第 3 章　DeepSeek：让你秒变职场超人**：职场效率的"核武器"将在本章揭晓。从公文写作（通知、汇报、纪要）到邮件沟通，从营销文案生成到跨语言翻译，DeepSeek 如同全能秘书，助力职场工作。更具突破性的是，它能与 Kimi 协同制作 PPT、与 Xmind 联动生成思维导图、与 Mermaid 协作绘制流程图，甚至通过拍照功能秒解数学难题。所有这些内容都将在本章通过案例的方式进行呈现。

- **第 4 章　DeepSeek：助你成为自媒体专家**：流量时代的"内容军火库"由此打开。无论是小红书上俏皮吸睛的随意种草型文案，还是朋友圈里精准触达用户的产品宣传语，DeepSeek 均可一键生成。本章还独家披露长篇小说九步创作法，从世界观构建到章节铺陈，DeepSeek 全程辅助；在短视频创作领域，DeepSeek 更能带你深入了解分镜头脚本设计、标题爆点提炼、语音合成，直至视频快速生成的全流程。同时，结合"文案一键转语音"等黑科技，你的内容生产速度可呈十倍级提升，轻松应对各种创作需求，在内容赛道上一骑绝尘。

- **第 5 章　DeepSeek：掌握数据分析与可视化技巧**：在数据驱动决策的时代，

DeepSeek 是最懂业务的分析师。本章通过实战来教学如何通过联网搜索获取外部数据，利用自然语言处理清洗数据，并借助 WPS 灵犀插件实现 Excel 公式的自动生成。更重磅的是，本章还将介绍如何使用 DeepSeek 直接将分析结果转化为柱状图、折线图等可视化图表，让数据故事"自己开口说话"。

- **第 6 章　DeepSeek-R1：成为自动化办公专家**：代码恐惧者的"救星"来了！无须编程基础，只需通过自然语言指令，就可让 DeepSeek-R1 生成 VBA 宏代码，实现 Excel 表格的批量处理，或输出 Python 脚本来自动操作 Word、Excel、PDF 等文件。本章手把手教你如何用 DeepSeek 替代机械性操作，甚至用来完成复杂的数据可视化与交互设计。

- **第 7 章　DeepSeek 与其他工具的集成**：独木难成林，协同方为王。本章探索 DeepSeek 的生态扩展能力：通过 API 将其接入企业自有系统；利用 OfficeAI 助手插件直接在 Word、Excel 中调用 AI；甚至将 DeepSeek 嵌入微信，实现"聊天窗口即生产力工具"。

- **第 8 章　本地化部署 DeepSeek，打造私人知识库**：安全与定制化是企业级应用的核心诉求。本章详解 Ollama 框架下的 DeepSeek 本地部署步骤，从硬件配置到模型导入，逐步构建私有化 DeepSeek 环境。同时，本章还引入 RAG 与 Embedding 技术，指导读者使用 AnythingLLM 或 ima 搭建专属知识库，让 DeepSeek 深度融合企业内部数据，成为"永不离职的专家顾问"。

本书读者对象

本书为所有渴望在智能时代抢占先机的探索者而写。

- **职场新人与管理者**：告别加班熬夜，用 AI 实现公文、邮件、汇报的"秒级生成"。

- **自媒体博主与内容创业者**：掌握爆款文案、短视频脚本、长篇小说的 AI 创作方法。

- **数据分析师与开发者**：通过自然语言生成代码，将 Excel、Python 的自动化效率推向极致。

- **企业 IT 部门领导与决策者**：构建本地化知识库，降低数据泄露风险，赋能团队协作。

- **学生与教育工作者**：用 AI 辅助论文写作、课题研究，甚至完成代码调试与实验设计。
- **技术极客与创新者**：探索 API 集成的无限可能，实现多工具间的高效联动，精心打造独一无二的智能应用生态。

无论你是希望提升效率的个体用户，还是谋求转型的企业组织，本书都将成为你手中的"智能罗盘"。

本书特色

- **技术深度与场景广度兼具**：不仅解析思维链、RAG 等前沿技术，还覆盖职场、创作、开发、管理等数十个真实场景，真正做到"学以致用"。
- **双模型策略精准适配**：针对 V3 与 R1 的特性，分别设计"非推理型"与"推理型"任务的最佳实践，避免资源错配。
- **工具生态全景呈现**：深入挖掘 DeepSeek 与 Kimi、Xmind、Mermaid、WPS 等工具的协同可能，打造"无缝工作流"。
- **从本地化部署到知识库搭建全覆盖**：详解本地部署与知识库的搭建，满足个人与企业多元需求。
- **案例驱动，即学即用**：辅以大量的"实战演练"，手把手教读者复现结果，降低学习门槛。

注意

　　需要说明的是，本书截图中的文字由 DeepSeek 自动生成，为保留内容完整性与原貌，未作大量修改。这些内容的真实性和准确性建议以官方信息为准。

资源与支持

资源获取

本书提供如下资源：

- 本书思维导图；
- 异步社区 7 天 VIP 会员。

要获得以上资源，您可以扫描右侧二维码，根据指引领取。

提交勘误

作者和编辑尽最大努力来确保书中内容的准确性，但难免会存在疏漏。欢迎您将发现的问题反馈给我们，帮助我们提升图书的质量。

当您发现错误时，请登录异步社区（https://www.epubit.com），按书名搜索，进入本书页面，单击"发表勘误"，输入勘误信息，单击"提交勘误"按钮即可（见下图）。本书的作者和编辑会对您提交的勘误进行审核，确认并接受后，您将获赠异步社区的 100 积分。积分可用于在异步社区兑换优惠券、样书或奖品。

图书勘误		发表勘误
页码： 1	页内位置（行数）： 1	勘误印次： 1
图书类型： 纸书 电子书		

添加勘误图片（最多可上传4张图片）

+

提交勘误

与我们联系

我们的联系邮箱是 wujinyu@ptpress.com.cn。

如果您对本书有任何疑问或建议，请您发邮件给我们，并请在邮件标题中注明本书书名，以便我们更高效地做出反馈。

如果您有兴趣出版图书、录制教学视频，或者参与图书翻译、技术审校等工作，可以发邮件给我们。

如果您所在的学校、培训机构或企业，想批量购买本书或异步社区出版的其他图书，也可以发邮件给我们。

如果您在网上发现有针对异步社区出品图书的各种形式的盗版行为，包括对图书全部或部分内容的非授权传播，请您将怀疑有侵权行为的链接发邮件给我们。您的这一举动是对作者权益的保护，也是我们持续为您提供有价值的内容的动力之源。

关于异步社区和异步图书

"异步社区"（www.epubit.com）是由人民邮电出版社创办的 IT 专业图书社区，于 2015 年 8 月上线运营，致力于优质内容的出版和分享，为读者提供高品质的学习内容，为作译者提供专业的出版服务，实现作者与读者在线交流互动，以及传统出版与数字出版的融合发展。

"异步图书"是异步社区策划出版的精品 IT 图书的品牌，依托于人民邮电出版社在计算机图书领域多年来的发展与积淀。异步图书面向 IT 行业以及各行业使用 IT 技术的用户。

目录

第**1**章

欢迎来到 DeepSeek 的世界

在今天的日常生活中，你可能通过购物平台收到"猜你喜欢"的推荐，也可能利用导航软件优化过出行路线，或者刷到社交媒体自动生成的有趣短视频。这些看似简单的功能背后，都藏着一个共同的主角——人工智能（Artificial Intelligence，AI）。

或许你对 AI、大模型、生成式 AI 这些词既感到好奇，又有些困惑。你可能听说过 AI 能写诗、画画、帮医生看病，甚至像科幻电影里那样和人对话，但并不知道这些技术是如何实现的，或者它们和你有什么关系。

无须忧虑，本章将为你介绍生成式人工智能及其相关知识，并且详细阐述目前最热门的 DeepSeek 的使用方法。

1.1　什么是生成式 AI

生成式 AI 常与 AIGC（Artificial Intelligence Generative Content，人工智能生成内容）关联，它利用人工智能技术来生成内容。想象一下，你告诉朋友："帮我画一只戴墨镜的柴犬在冲浪的插画。"朋友立刻画出一幅生动的插画——但这不再是人类的专属技能。生成式 AI 就像一个"数字魔法师"，能根据文字指令生成全新的文字、图片、音乐甚至视频。

但是，生成式 AI 的能力远不止于此：

- 医生用它分析病例报告，快速生成诊断建议；
- 设计师用它生成风格各异的 3D 效果图；
- 教师用它生成练习题和答案解析。

这些看似科幻的场景，已经悄然进入现实。而这一切的核心，都源于 AI 技术的进化。

1.1.1　什么是 AI

什么是 AI？简单来说，AI 就是让机器模仿人类的智能行为。

因此，我们可以得出这样一个结论：

AI = 会学习的"数字大脑"

AI 之所以具备"智能"，是因为它能够模仿甚至超越人类在某些领域的认知能力。这些能力可以归纳为四大核心：感知、推理、决策、创造。

1.　感知：听懂、看懂、读懂信息

感知是 AI 的基础能力，就像人类的五官一样，AI 通过"听、看、读"来接收和理解外部信息。

- **听懂**：AI 能将你说的话转化为文字。比如语音助手能听懂"明天早上 8 点叫我起床"的指令并设置闹钟。
- **看懂**：AI 能分析图片中的内容。比如用户可以使用手机摄像头识别自己的面部进行解锁，医生可以用 AI 工具分析 X 光片来发现病变。
- **读懂**：AI 能理解文字的含义。比如智能客服能读懂你的问题并给出答案，可以用 AI 工具通过分析社交媒体的评论来判断用户的情绪。

2.　推理：分析信息背后的逻辑

推理是 AI 的"思考"能力，它通过分析已有信息，得出新的结论或预测。

- **逻辑推理**：AI 能从"A 比 B 高，B 比 C 高"这一表述中推导出"A 最高"的结论，就像解数学题一样。
- **归纳推理**：AI 能从大量数据中分析并总结出规律，比如通过分析过去几年的销售数据，预测明年哪些产品会热卖。
- **类比推理**：AI 能通过相似性解决问题，比如用"水流"类比"电流"，帮助学生理解物理概念。

3.　决策：选择最佳行动方案

决策是 AI 的"行动指南"，它通过权衡利弊，选择最优解。

- **基于规则的决策**：AI 能按照预设条件执行相应的操作，比如当室内温度低于

18°C 时，自动开启空调的制热功能。
- **基于数据的决策**：AI 能通过分析历史数据做出选择，比如根据患者病史推荐治疗方案，或者评估贷款申请人的信用风险。
- **强化学习决策**：AI 能通过试错学习找到最优策略，比如游戏 AI 通过数百万次对局学会击败人类玩家。

4. 创造：生成全新内容

创造是 AI 的"艺术天赋"，它能够生成全新的文字、图片、音乐、视频等内容。
- **文字创作**：AI 能写文章、故事、广告语、营销文案、诗歌等，比如根据产品特点生成多版创意标语。
- **图像生成**：AI 能生成逼真的图片，比如设计插画、海报，还能创建游戏场景。
- **音乐创作**：AI 能生成旋律、和声和节奏，比如为视频生成背景音乐，或者根据用户喜好生成专属的歌单。
- **视频创作**：AI 能根据文字描述或图片生成短视频，比如在 AI 工具中输入"生成一段一只猫在太空站漂浮的视频"的指令，将会自动生成一段逼真的视频，甚至会配上合适的背景音乐和字幕。

AI 正在深刻地改变我们的生活和工作模式——从理解你的指令，到创作相应的文案、图片、音频乃至视频，AI 所展现的潜力令人赞叹。

然而，AI 并非万能。它的能力依赖于数据、算法和算力的支持，同时也需要人类的监督和指导。在未来，AI 与人类的协作将成为主流模式：AI 负责重复性、计算性任务；人类专注于创造性、情感性工作。

1.1.2 什么是机器学习

如果把 AI 比作一个学生，机器学习（Machine Learning，ML）就是它的学习方法。

举个例子，假设你想教 AI 识别猫和狗的照片。
- **传统方法**：你告诉它"猫的耳朵尖，狗的耳朵圆"——但遇到折耳猫或立耳狗时，AI 就会懵圈。
- **机器学习**：你直接给它看 1 万张猫狗照片，让它自己总结规律。经过反复练习，AI 可能发现"猫的瞳孔在暗处会放大""狗的尾巴摆动幅度更大"等人类都没注意到的细节。

机器学习的核心是"数据喂养"，这一过程涵盖如下细节：

- 输入数据（比如猫狗照片）；
- 训练模型（让机器找规律）；
- 输出结果（识别新照片）。

这种"从经验中学习"的能力，让 AI 不再依赖人类手把手教规则，而是能自己"进化"。

1.1.3　什么是深度学习

如果说机器学习是 AI 的"基础学习方法"，那么深度学习（Deep Learning）就是它的"进阶课程"。

想象你在教孩子认动物，可以有下面 3 种学习方式。

入门认知版：你指着图片说"这是猫"。

基础学习版：你解释"猫有胡须、肉垫爪子，在夜间活动……"。

深度学习版：孩子不仅记住特征，还能联想"如果猫的胡须断了，它还能捉老鼠吗"。

深度学习的秘密武器是"神经网络"，它模仿人脑的神经元结构，把信息层层传递、加工。我们通过一个简单的例子来形象通俗地理解神经网络。在识别一只猫时，第一层神经元检测边缘和颜色；第二层组合成耳朵、眼睛等局部特征；第三层拼出完整的猫的形象。

可见，神经网络的层数越多，网络就越"深"，AI 的理解能力就越强。正是凭借深度学习技术，AI 才能处理图像、语音、自然语言等复杂任务。

1.1.4　什么是思维链

如果把 AI 的思考过程比作人类解题时的"草稿纸"，那么思维链（Chain of Thought，CoT）就是 AI 在推理过程中留下的"解题步骤"。

假设让 AI 求解一道数学方程 $x+5=47$，我们来看一下传统解答方式和思维链解答方式的不同。

- **传统方式**：直接输出答案（比如"答案是 42"），但我们无法理解其思考逻辑。
- **思维链方式**：AI 会像学生一样逐步推导，"首先设未知数为 x，根据条件列方程 $x+5=47$，解得 $x=42$"，最终给出答案。

可以看到，思维链的运作包含三个关键环节。

- **问题拆解**：将复杂任务分解为多个子步骤（例如先识别问题类型，再提取关键数据）。
- **逻辑串联**：通过语言模型模拟人类推理的因果链（比如"因为 A，所以 B；若 B 成立，则 C……"）；
- **自验证机制**：在推导过程中检查每一步的合理性（类似人类的"回头验算"）。

1.1.5 推理大模型与非推理大模型

推理大模型就像一个数学家或侦探，特别擅长解决需要逻辑思考和分析的问题，比如解数学题、编写代码或者拆解复杂的逻辑谜题。推理大模型通过特殊的训练方法（例如强化学习、神经符号推理等）学会了如何"思考"和做出决策。它们就像拥有超强大脑一样，能够在处理复杂问题时提供精准的答案。例如，DeepSeek-R1、OpenAI-o1 在逻辑推理、数学推理以及实时问题解决方面表现出色。

非推理大模型则像一个多才多艺的作家或语言大师。非推理大模型经过大量文本的学习，掌握了各种语言风格和表达方式，非常适合用来生成文本、进行对话、翻译文章等。虽然非推理大模型也很聪明，但它们不像推理大模型那样专注于逻辑和分析，而是更加注重理解和模仿人类语言的多样性。例如，DeepSeek-V3、GPT-3、GPT-4 以及 BERT 等，主要用于语言生成、语言理解、文本分类、翻译等多项任务。

如果你有一个需要仔细思考和逻辑分析的任务，比如求解一道难度很大的数学题或编写一段程序，那么应该选择推理大模型。如果你想要创作一篇故事、与 AI 进行有趣的对话或翻译一些文字材料，那么非推理大模型将是更好的选择。

1.2 为什么选择 DeepSeek

当你初次听闻 DeepSeek 时，或许会心生疑惑：如今 ChatGPT、Kimi、豆包等一众 AI 工具已然在市场上占据一席之地，DeepSeek 究竟有何独特之处，值得我们投注目光呢？

答案其实并不复杂：DeepSeek 是一位更懂中文语境、更贴合用户实际需求的 AI 伙伴。它仿佛一位知识渊博且极具耐心的贴心助手，在处理工作中的繁杂事务、解决学习上的疑难困惑，以及应对生活里的各种问题时，能够以更精准、更有效的方式助力于你。

1.2.1　DeepSeek 是什么

DeepSeek 是由杭州深度求索人工智能基础技术研究有限公司开发的人工智能相关成果。作为一家成立于 2023 年 7 月 17 日的创新型科技企业，该公司运用数据蒸馏技术，提炼出了更为精炼、有价值的数据，赋能 DeepSeek 在相关领域发挥作用。

最近，DeepSeek 更是取得了突破性的进展，新推出的大型模型 DeepSeek-R1 在后训练阶段大规模使用了强化学习技术，在仅有极少标注数据的情况下，极大提升了模型推理能力。在 AIME 2024、Codeforces 等国际权威机构的测试中，DeepSeek-R1 与 OpenAI-o1 同台竞技，多项指标甚至超越了 OpenAI-o1，如图 1-1 所示。

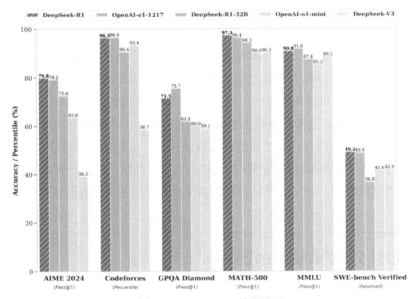

图 1-1　DeepSeek-R1 性能测评

DeepSeek 的突出优势并非体现在易用性上，而是经济性方面极为出众。在实现相同性能水平的情况下，DeepSeek 的训练成本还不到其他大型科技公司的 1%，而使用成本也仅为 OpenAI-o1 的 5%。最重要的是，DeepSeek 是完全开源的，而且普通用户也可以免费试用。

目前，DeepSeek 主要有两个模型，分别是 DeepSeek-Chat 和 DeepSeek-Reasoner。

- **DeepSeek-Chat：**一个非推理模型，已经全面升级至最新的 DeepSeek-V3 版本。它是一款依托于人工智能技术的聊天机器人，通过自然语言处理（NLP）和深度学习技术，能够与用户进行流畅的交互。

- **DeepSeek-Reasoner：**DeepSeek 最新推出的推理模型，名为 DeepSeek-R1。在提供最终答案之前，该模型会先展示一系列思维链内容，旨在增强最终答案的准确性。

在与 DeepSeek 对话时，可以在对话输入框的底部，通过激活"深度思考（R1）"按钮，在 DeepSeek-R1 和 DeepSeek-V3 之间进行切换，如图 1-2 所示。

图 1-2　切换 DeepSeek-R1 和 DeepSeek-V3

1.2.2 DeepSeek 能帮你做什么

DeepSeek 不仅覆盖传统 AI 的文本与代码处理能力，还通过逻辑推理、多模态交互（文本+图像）等能力，服务于教育、编程、商业分析等场景。DeepSeek 凭借低成本和高兼容性特点，成为个人用户与企业的高效助手。

1. 文本生成

在文本生成方面，DeepSeek 的能力表现十分出色且丰富多样，能够满足不同用户在不同场景下的各种需求。无论是充满创意的内容创作，还是实用性较强的结构化内容处理，抑或是智能交互的对话问答，以及对学术研究的辅助支持，DeepSeek 都有着可圈可点的表现。

- **多样化内容创作**：能自动生成文章、故事、诗歌、营销文案等，用户在输入主题后，可输出完整的创意文本。例如，写一篇关于环保的演讲稿，生成一首七言绝句，DeepSeek 都能出色地完成任务。
- **结构化内容支持**：支持长文本摘要（将万字文章浓缩为几百字）、多语言翻译（如中英互译）、表格生成（根据需求创建数据表格）等功能。
- **智能对话与问答**：提供类似"聊天机器人"的互动体验，可回答跨领域的知识问题（如科学、文化、技术等），并支持多轮对话。
- **学术辅助**：可帮助研究人员整理文献、解释专业术语、解读数据，从而提升学术写作效率。

2. 自然语言理解与分析

在自然语言理解与分析领域，DeepSeek 具备强大且精细的处理能力，能够深入挖掘文本背后的信息，实现从简单的语义解读到复杂的逻辑推理等一系列操作，为用户在不同场景下提供准确且有价值的服务。

- **语义与情感分析**：能理解文本含义并判断情感倾向（如正面、负面、中性）。例如，通过分析用户评论的情感来了判断一条产品的评价是好评还是差评。
- **信息提取与分类**：可从文本中提取关键实体（如人名、地点）或属性（如价格、日期），并自动分类内容。例如，从新闻中提取所有公司的名称和事件发生的时间。
- **逻辑推理与问题解答**：可解决复杂问题（如数学运算、逻辑谜题），并提供清晰的推理过程。例如，计算房贷利息或解答数学题。

3. 代码生成

在代码生成领域，DeepSeek 展现出了卓越且实用的能力，能够为开发者提供多方位、全流程的支持——从代码的初始生成与补全，到代码的调试与优化，再到相关技术文档的生成，都能极大地提升开发效率，降低开发过程中的难度与成本。

- **代码生成与补全**：可根据自然语言描述生成代码片段，支持 Python、Java 等多种语言。例如输入"用 Python 写一个排序算法"，即可生成完整的排序算法代码。再比如，可以让 DeepSeek 生成一个网页登录页面的 HTML/CSS 代码。

- **代码调试与优化**：能自动分析代码错误的原因，提供修改建议，并能优化代码结构以提高运行效率。例如，修复循环代码中的逻辑错误，简化冗余代码。
- **技术文档生成**：根据代码自动生成 API 文档或注释，节省开发者时间。

4. 常规绘图与数据处理

在常规绘图与数据处理方面，DeepSeek 具备强大且实用的功能，能够有效地将繁杂的数据转化为直观易懂的形式，同时对图片和文件进行精准处理与信息提取，为用户在数据分析、信息整理等工作中提供有力的支持和便利。

- **数据可视化**：可将复杂数据转化为图表（如折线图、柱状图），辅助用户直观分析数据趋势。例如，将销售数据生成月度增长趋势图。
- **图片与文件处理**：支持上传图片或文档，能识别图中文字并扫描表格内容，以提取关键信息（需结合问题描述进行提取）。

1.2.3　DeepSeek 与传统 AI 的区别

如果把传统 AI 比作"高级餐厅"，那么 DeepSeek 就是"智能厨房机器人"——它们都能做出美味的食物，但运作方式天差地别，如表 1-1 所示。

表 1-1　DeepSeek 与传统 AI 的区别

	传统 AI	DeepSeek
学习方式	需要海量标注数据，通过大量的"记忆"来积累经验	运用强化学习技术实现举一反三、触类旁通
使用成本	企业级部署动辄百万预算，个人使用按次收费	普通手机也能运行基础功能，且开源免费
技术透明度	闭源系统，开发者像面对上锁的保险箱	开源架构，允许拆解改造每个零件
应用场景	集中在科研机构和大企业	平民工具，普通人都可以开发应用
进化速度	更新周期以月甚至年计，就像等待汽车改款	支持实时微调，如同给手机安装新 App

这种代际差异，本质上是"实验室 AI"到"生活 AI"的转变。就像数码相机颠覆传统胶片摄影行业那样，以 DeepSeek 代表的第三代 AI 正在重新定义智能技术的存在方式——不再是高悬云端的"神灵"，而是人人可用、好用的"智能瑞士军刀"。当先进的技术如同璀璨星辰落入市井巷陌，点亮每一个普通人的生活，让 AI 从遥不

可及变得触手可及，这一时刻，无疑是 AI 革命最具划时代意义的关键转折点。

1.3 开始使用 DeepSeek

前文已经详细阐述了 DeepSeek 的强大功能以及免费及开源的特性。本节将介绍如何开始使用 DeepSeek，并帮助你解决在使用过程中可能遇到的"服务器繁忙"问题。

1.3.1 访问 DeepSeek

在通过 PC 端或手机端访问 DeepSeek 时，有"验证码登录"和"密码登录"两种方式。下面分别来看一下。

1. 验证码登录（PC 端）

打开浏览器，在地址栏中输入 DeepSeek 官网地址，在打开的官网页面中单击"开始对话"链接，如图 1-3 所示。

图 1-3　DeepSeek 官网

在打开的页面中选择"验证码登录"（见图 1-4），先输入手机号码，并勾选"我已阅读并同意用户协议与隐私政策，未注册的手机号将自动注册"同意条款，然后单击"发送验证码"按钮，并根据提示进行操作。之后，输入手机上收到的验证码再单击"登录"按钮，即可直接访问 DeepSeek 官网。

图 1-4 验证码登录

2. 密码登录（PC 端）

打开 DeepSeek 官网页面，然后单击"开始对话"链接。

在打开的页面中选择"密码登录"，输入注册过的手机号或者邮箱地址，再输入相应的密码即可登录 DeepSeek 并使用它的所有服务了，如图 1-5 所示。

图 1-5 密码登录

　　由于在第一次访问前，我们没有相应的 DeepSeek 账户，因此需要先进行注册，获得一个 DeepSeek 账户。具体注册过程如下。

　　在图 1-5 中单击"立即注册"链接，在弹出的注册页面（见图 1-6）输入手机号码（也可以是邮箱地址），两次输入相同的密码，然后从"用途"中选择任一选项，再选中"我已阅读并同意用户协议与隐私政策"复选框，之后单击"发送验证码"按钮，并根据提示进行操作。最后，输入手机（或邮箱）中收到的验证码，即可单击"注册"按钮进行注册。

　　在注册完毕后，就可以直接使用"密码登录"方式直接登录 DeepSeek 并访问所有服务了。

3. 手机端登录（鸿蒙系统）

　　在手机端登录 DeepSeek 的方式与 PC 端相同，也是分为"验证码登录"和"密码登录"两种方式。唯一不同的是，在手机端登录 DeepSeek 时，需要将其从应用市场进行下载安装。这里以华为鸿蒙系统为例进行演示。

　　首先在手机桌面上单击进入"应用市场"，然后在"搜索"栏中输入 DeepSeek，找到相应的 App 后单击右边的"安装"按钮即可安装，如图 1-7 所示。

图 1-6　注册界面

图 1-7　应用市场

安装完成后，在手机桌面上找到 DeepSeek。第一次单击进入时，手机将显示 DeepSeek 欢迎界面，要求用户同意"用户协议"和"隐私条款"，如图 1-8 所示。单击"同意"按钮，即可进入登录界面，如图 1-9 所示。

图 1-8　DeepSeek 欢迎界面

图 1-9　DeepSeek 登录界面

在 DeepSeek 的登录界面，可以选择"验证码登录"和"密码登录"。此后登录步骤与 PC 端相同，不再赘述。

1.3.2　DeepSeek 界面介绍

PC 端的 DeepSeek 与手机端的 DeepSeek 的功能大致相同，但是其界面在布局、功能入口以及输入/输出方面略有不同。下面先看一下 PC 端的 DeepSeek 界面，如图 1-10 所示。

- **新建对话功能区（①）**：单击"开启新对话"按钮，即可新建对话。
- **历史对话框（②）**：在此区域可以查看"历史对话"的内容，其中对话标题即为第一句对话。将鼠标指针指向对话标题，右侧会出现"…"，单击后可"重命名"对话标题。

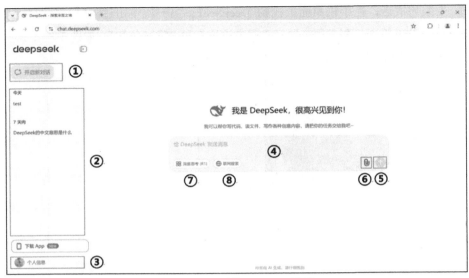

图 1-10　PC 端的 DeepSeek 界面

- **个人信息（③）**：用于执行"系统设置"以及"删除所有对话"等功能。在"系统设置"中，可以配置语言和主题，并管理账户信息。
- **对话内容输入框（④）**：用户在该区域中输入对话内容，与 DeepSeek 进行互动交流。
- **发送按钮（⑤）**：在内容输入完毕后，单击该按钮后将内容发送到 DeepSeek。

下面重点介绍一下出现在"对话内容输入框"底部的三个高级功能：上传附件、深度思考（R1）和联网搜索。

- **上传附件（⑥）**：通过上传附件文件供 DeepSeek 进行阅读和分析，这相当于为 DeepSeek 配置了一个专属的私有知识库。该功能最多支持一次性上传 50 个文件，文件类型包括文档和图片等，且每个文件的最大容量为 100MB。需要注意的是，目前 DeepSeek 仅能识别其中的文字内容。
- **深度思考（R1）（⑦）**：激活该功能后，DeepSeek 将启用 DeepSeek-R1 模型，以解决推理相关的问题。
- **联网搜索（⑧）**：该功能可以让 DeepSeek 实时访问互联网，以便获取最新信息。通常，AI 的知识基于其训练数据，这些数据有固定的截止日期，无法包含最新的事件和信息。通过联网搜索，DeepSeek 可以突破这一限制，即时查询网络上的内容，确保回答的时效性和准确性。

手机端 DeepSeek 的界面主要包含开启新对话（①）、历史对话区（②）、对话内容输入框（③）和拓展功能区（④），如图 1-11 所示。它们的功能与 PC 端基本相同，不再赘述。

下面看一点与 PC 端 DeepSeek 界面不一样的东西。

在图 1-11 中单击底部的"+"按钮，可展开拓展功能区，其中包含"拍照识文字""图片识文字"以及"文件"三个选项，如图 1-12 所示。其中，"拍照识文字"功能允许用户通过手机拍摄文本，从而获取并解析文本内容；"图片识文字"功能可以直接加载相册中的图片并识别里面的文字；"文件"选项的功能与 PC 端的"上传附件"功能相同。

图 1-11　移动端 DeepSeek 的界面

图 1-12　拓展功能区

注意

与网页版相同，在 DeepSeek 中无法同时使用"上传附件"和"联网搜索"功能。例如，当选择了"联网搜索"时，界面底部的"+"按钮会呈灰色禁用状态，此时拓展功能区中的这三项功能也都无法使用。

1.3.3 DeepSeek 服务器繁忙解决方法

DeepSeek 凭借新模型 DeepSeek-R1 的重磅发布，在全球范围内迅速积攒了极高的人气，吸引了大量用户的关注。然而，在热度高涨的同时，DeepSeek 也面临着"服务器繁忙"的棘手问题。

究其缘由，首先是新模型的发布引发了全球范围内用户的强烈兴趣，大量用户几乎同时涌入平台，致使访问量呈爆发式增长，远远超出了服务器原本的处理能力，从而造成了服务器的拥堵。更为严峻的是，自 2025 年 1 月 27 日起，DeepSeek 不断遭受手段升级的海外大规模恶意网络攻击，诸如 DDoS 攻击以及密码爆破攻击等。这些攻击手段不仅极大地消耗了服务器的宝贵资源，干扰了正常的服务运行，更试图非法破解用户账户，严重威胁到用户的信息安全。在双重因素的叠加影响下，服务器的服务响应愈发迟缓，甚至一度陷入瘫痪状态，给用户的正常使用带来了极大的不便。

针对这种情况，个人用户可以考虑下述 3 种平替方案。

- **秘塔 AI 搜索（见图 1-13）**：已接入满血版 DeepSeek-R1 推理模型，并全面启动了"全网"搜索功能和"长思考·R1"功能，为用户带来更强大、更智能的搜索体验。

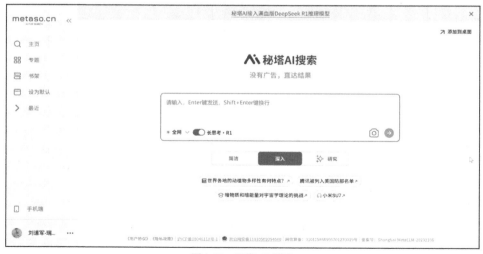

图 1-13 秘塔 AI 搜索

- **纳米 AI 搜索（见图 1-14）**：可以自由切换 50 多款不同的 AI 大模型，其鸿蒙

原生版已接入 DeepSeek-R1 联网满血版（671B 参数）以及 DeepSeek-R1-360
高速专线（32B 参数）模型。纳米 AI 搜索还将自身强大的搜索及多模态能
力与 DeepSeek-R1 的强化推理能力深度融合，拓展了 DeepSeek-R1 的功能
边界。

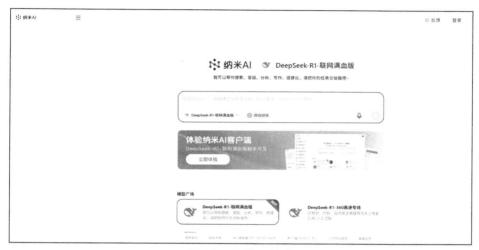

图 1-14　纳米 AI 搜索

- **腾讯元宝（见图 1-15）：**不仅可以使用 DeepSeek-R1 满血版、混元 T1 进行深
  度思考，也可以用 DeepSeek-V3、腾讯混元 Turbo 快速输出回答。

图 1-15　腾讯元宝

- **国家超算互联网平台（见图 1-16 ）**：目前已上线包括 DeepSeek-R1-Distill-Qwen-7B、DeepSeek-R1-Distill-Qwen-32B、DeepSeek-R1-Distill-Qwen-70B、DeepSeek-R1-671B 等模型，并支持 AI Web 应用部署。

图 1-16　国家超算互联网平台

随着 DeepSeek 的持续流行，越来越多的平台将积极集成 DeepSeek，建议大家保持关注，探索更多的替代方案。

对于企业或开发人员而言，可以考虑采用第三方平台结合客户端的解决方案，例如借助硅基流动公司提供的 API，并配合 Chatbox（或 Cherry Studio）软件进行集成；本地部署（Ollama+插件）也是一个可行的选择。感兴趣的读者可以自行探索。

第 2 章

掌握提问技巧，让 DeepSeek 更懂你

本章的核心是帮读者成为 DeepSeek 使用高手。首先，读者需要区分 DeepSeek-V3 和 DeepSeek-R1 这两个常用模型。

DeepSeek-V3 适用于规范性任务，例如撰写文献和编写会议纪要。DeepSeek-R1 则专注于复杂推理任务，如数学解题和创意性文案的撰写。

这两种模型的提问技巧也有所不同。对于 DeepSeek-V3 来说，建议采用 RTGO 提问技巧；而在使用 DeepSeek-R1 时，则需掌握四要素指令法。

此外，本章还将介绍三大隐藏技能。

- **多轮持续对话**：可像聊天一样逐步完善答案。
- **联网搜索**：可获取最新新闻资讯。
- **文件解析**：可直接分析你上传的文档。

掌握这些功能技巧后，DeepSeek 将真正成为你的智能助手。

2.1 DeepSeek 两种模型的提示语策略差异

在使用 DeepSeek 时，你是否遇到过这样的困扰：希望 DeepSeek 撰写会议纪要，但它表现得过于随意，天马行空，结果遗漏了关键信息；期待创意文案，但它却生硬地套用模板，毫无新意。

其实，这往往是提示语设计不当导致的。DeepSeek 的 V3 和 R1 模型各自适用于不同的任务类型：

- V3 是"模板专家"，擅长处理规范化的任务，例如会议纪要、报告撰写等，需

要清晰的步骤和框架；

- R1 是 "创意大师"，适合开放性任务，如策划广告文案、提供策略建议等，只需提供模糊的目标即可激发其创造力。

如果用错了模型，效果将大打折扣；反之，则能事半功倍。只要掌握提示语设计的技巧，就能充分释放 AI 的潜能，瞬间提升你的工作效率。

2.1.1　DeepSeek-V3 与 DeepSeek-R1 的适配场景

在探讨 DeepSeek-V3 与 DeepSeek-R1 的适配场景时，从任务的特性角度出发，任务可以分为规范性任务（封闭型）和开放性任务（开放型）。

- **规范性任务**：在执行过程中必须遵循既定框架、模板或结构化步骤的任务，用户在内容格式、流程上受到严格限制，强调 "过程驱动"。

这类任务具有严格的规范约束、高结果确定性以及固定路径等特点。例如，撰写文献综述必须遵循学术框架，编写会议纪要需依照公司模板，制定课程大纲需按章节结构，且知识点需明确。这些任务要求内容必须符合特定的标准或格式，更注重准确性和一致性。对于这类任务，DeepSeek-V3 是更理想的选择。V3 以其出色的规范性和结构导向而闻名，能够有效地满足对流程和结果都有严格要求的工作需求。

- **开放性任务**：没有固定的框架限制，它们以成果为导向，用户的目标虽然不明确，却有着对创意和影响力的强烈追求，更注重突破常规和产生独特价值。

这类任务强调 "结果驱动"，特点在于路径的灵活性、结果的不确定性以及对创意的强烈需求。例如，创作新媒体文案、构思营销广告语、叙述自由风格的品牌故事，以及进行探索性的市场趋势预测等，都是开放性任务的典型例子。对于开放性任务，DeepSeek-R1 显得更为适宜。R1 在处理这类任务方面表现出色，因为它能够提供更为灵活且创新的解决方案，尽管它的输出可能不如 V3 模型那样具有一致性和可预测性。

为了更深入地理解这两个模型以便做出合理的选择，我们对 DeepSeek-V3 与 DeepSeek-R1 的适用场景进行了对比，如表 2-1 所示。

表 2-1　DeepSeek-V3 与 DeepSeek-R1 的适用场景

维度	DeepSeek-V3	DeepSeek-R1
任务类型	规范性任务（框架明确）	开放性任务（目标模糊）
优势领域	模板化文本生成、结构化输出	创意内容、数理逻辑、编程

续表

维度	DeepSeek-V3	DeepSeek-R1
风险性	低幻觉（结果稳定可控）	高幻觉（需人工审核）
用户控制强度	高（需详细步骤指令）	低（仅需目标导向指令）

2.1.2 DeepSeek-V3 与 DeepSeek-R1 在提示语上的区别

DeepSeek-V3 和 DeepSeek-R1 分别针对不同类型的任务进行了优化，它们在处理提示语时也会有所不同。

1. DeepSeek-V3 的提示语设计

DeepSeek-V3 模型更倾向于理解和生成基于明确指令和具体框架的内容。DeepSeek-V3 模型的提示语设计原则如下。

- **明确性**：清晰描述每一步骤和格式要求。
- **结构化**：使用分项、编号、模板示例。
- **限制性**：通过约束性指令排除无关内容（如"禁止添加主观评价"）。

例如，我需要 DeepSeek 根据我写的课程大纲，按照指定的编写格式，写一个教学教案。这便是一个规范性任务。提示语示例如下。

以下为我所拟定的课程大纲，请参照第 1 章教学教案的编写格式，协助我完成后续章节的教学教案。章节标题必须严格按照我提供的课程大纲标题进行设置，不得随意更改标题名称。课程大纲内容如下：

第 1 章 欢迎来到 DeepSeek 的世界

1.1 什么是生成式 AI

1.1.1 什么是 AI

1.1.2 什么是机器学习

1.1.3 什么是深度学习

1.1.4 什么是思维链

1.1.5 推理大模型与非推理大模型

1.2 为什么选择 DeepSeek

1.2.1 DeepSeek 是什么

1.2.2 DeepSeek 能帮你做什么

1.2.3 DeepSeek 与传统 AI 的区别

1.3　开始使用 DeepSeek

1.3.1　访问 DeepSeek

1.3.2　DeepSeek 界面介绍

1.3.3　DeepSeek 服务器繁忙解决方法

第 2 章　掌握提问技巧，让 DeepSeek 更懂你

2.1　DeepSeek 两种模型的提示语策略差异

2.1.1　DeepSeek-V3 与 DeepSeek-R1 的适配场景

2.1.2　DeepSeek-V3 与 DeepSeek-R1 在提示语上的区别

2.2　DeepSeek-V3 等非推理大模型的提问技巧

2.2.1　角色（R）定义：构建精准的"人物形象"

2.2.2　任务（T）描述：绘制清晰的"工作范围"

2.2.3　目标（G）设定：指明"成功的终点"

2.2.4　输出（O）规范：设定"执行的细节"

2.3　DeepSeek-R1 等推理大模型的提问技巧

2.4　高级技巧：解锁隐藏功能

······

示例如下：

第 1 章　欢迎来到 DeepSeek 的世界

一、教学目标：

1. 了解 AI 常用概念：AI、机器学习、深度学习、思维链、推理大模型与非推理大模型；

2. 了解 DeepSeek 的优势；

3. 掌握如何注册使用 DeepSeek。

二、教学重点：

1. 掌握 DeepSeek 与传统 AI 的区别；

2. 掌握如何注册使用 DeepSeek。

三、教学设计

1. 教学思路：

第 1 节　什么是生成式 AI

内容：AI、机器学习、深度学习、思维链、推理大模型与非推理大模型等概念解释。

第 2 节　为什么选择 DeepSeek

内容：介绍 DeepSeek 优势、DeepSeek 应用场景、DeepSeek 与传统 AI 的区别。

第 3 节　开始使用 DeepSeek

内容：如何注册与登录 DeepSeek、DeepSeek 界面，以及 DeepSeek 服务器繁忙解决方法。

2. 教学手段：理论知识讲解与实操相结合。

四、课后作业：

1. 依据课堂讲授内容，注册 DeepSeek 账户；

2. 掌握两种 DeepSeek 服务器繁忙的平替方法。

将上述信息发送给 DeepSeek，并确保"深度思考（R1）"按钮处于未激活状态，即使用 DeepSeek-V3 模型进行回复。DeepSeek-V3 模型根据我们的指令，严格遵循示例结构进行输出，如图 2-1 所示。

图 2-1　DeepSeek-V3 模型的输出结果

当“深度思考（R1）”按钮被激活时，DeepSeek 将调用 R1 模型进行回复。在此过程中，DeepSeek-R1 首先输出整个流程化的思考过程及其关键要点（见图 2-2），随后输出如图 2-3 所示的结果。

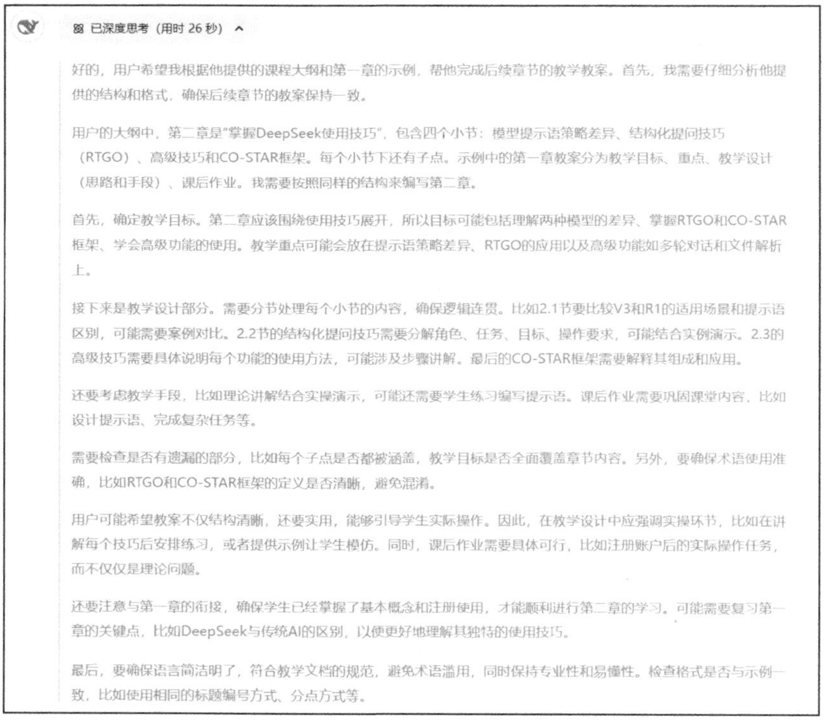

已深度思考（用时 26 秒）

好的，用户希望我根据他提供的课程大纲和第一章的示例，帮他完成后续章节的教学教案。首先，我需要仔细分析他提供的结构和格式，确保后续章节的教案保持一致。

用户的大纲中，第二章是“掌握DeepSeek使用技巧”，包含四个小节：模型提示语策略差异、结构化提问技巧（RTGO）、高级技巧和CO-STAR框架。每个小节下还有子点。示例中的第一章教案分为教学目标、重点、教学设计（思路和手段）、课后作业。我需要按照同样的结构来编写第二章。

首先，确定教学目标。第二章应该围绕使用技巧展开，所以目标可能包括理解两种模型的差异、掌握RTGO和CO-STAR框架、学会高级功能的使用。教学重点可能会放在提示语策略差异、RTGO的应用以及高级功能如多轮对话和文件解析上。

接下来是教学设计部分。需要分节处理每个小节的内容，确保逻辑连贯。比如2.1节要比较V3和R1的适用场景和提示语区别，可能需要案例对比。2.2节的结构化提问技巧需要分解角色、任务、目标、操作要求，可能结合实例演示。2.3的高级技巧需要具体说明每个功能的使用方法，可能涉及步骤讲解。最后的CO-STAR框架需要解释其组成和应用。

还要考虑教学手段，比如理论讲解结合实操演示，可能还需要学生练习编写提示语。课后作业需要巩固课堂内容，比如设计提示语、完成复杂任务等。

需要检查是否有遗漏的部分，比如每个子点是否都被涵盖，教学目标是否全面覆盖章节内容。另外，要确保术语使用准确，比如RTGO和CO-STAR框架的定义是否清晰，避免混淆。

用户可能希望教案不仅结构清晰，还要实用，能够引导学生实际操作。因此，在教学设计中应强调实操环节，比如在讲解每个技巧后安排练习，或者提供示例让学生模仿。同时，课后作业需要具体可行，比如注册账户后的实际操作任务，而不仅仅是理论问题。

还要注意与第一章的衔接，确保学生已经掌握了基本概念和注册使用，才能顺利进行第二章的学习。可能需要复习第一章的关键点，比如DeepSeek与传统AI的区别，以便更好地理解其独特的使用技巧。

最后，要确保语言简洁明了，符合教学文档的规范，避免术语滥用，同时保持专业性和易懂性。检查格式是否与示例一致，比如使用相同的标题编号方式、分点方式等。

图 2-2 DeepSeek-R1 模型的深度思考过程

对比 DeepSeek-V3 的输出结果，可以明显看出 DeepSeek-R1 的输出并未严格按照示例要求进行结构化呈现，而是表现得更加灵活且富有创新性。例如，在章节标题上未遵循我的课程大纲标题，同时在教学手段方面增加了“沙盘演练”“可视化工具”“错误分析”等内容。

2. DeepSeek-R1 的提示语设计

DeepSeek-R1 模型更适合处理模糊或开放性的提示语，鼓励创造性思维。DeepSeek-R1 的提示语可以更宽泛，其重点在于传达目标而非具体的执行细节，以便 R1 能发挥其灵活性和创新能力。DeepSeek-R1 模型的提示语设计原则如下。

以下是依据您的课程大纲和第一章编写规范完成的第二章教案设计：

第2章 掌握DeepSeek使用技巧

一、教学目标：

1. 理解DeepSeek-V3与R1模型的特性差异及适用场景
2. 掌握RTGO结构化提问法在提示语编写中的应用
3. 熟练运用多轮对话、文件解析等高级功能
4. 掌握CO-STAR框架构建复杂提示语的技巧

二、教学重点：

1. V3与R1模型的提示语策略对比
2. RTGO四要素在实践中的组合应用
3. 多轮对话的上下文管理技巧
4. CO-STAR框架的六维度设计逻辑

三、教学设计

1. 教学思路：

第1节 模型提示语策略差异

- 通过客服对话/创意写作案例对比V3（精确执行）与R1（开放创意）的应用场景
- 展示相同提示语在不同模型下的输出差异（代码生成 vs 故事创作）

第2节 RTGO结构化提问

- 角色扮演：模拟项目经理/教师/设计师等职业需求
- 任务拆解：将"撰写营销方案"分解为市场分析＋竞品调研＋策略制定
- 目标设定：SMART原则在提示语中的应用（具体、可衡量、有时限）

第3节 高级功能实战

- 多轮对话：演示通过对话历史优化简历修改的过程
- 文件解析：上传PDF财报进行关键数据提取
- 联网搜索：实时获取行业最新数据辅助决策
- 复杂任务：结合流程图展示"活动策划案"的生成路径

第4节 CO-STAR框架

- 情境(Context)：设置"跨境电商营销"背景
- 目标(Objective)：明确ROI提升20%的核心指标
- 利益相关者(Stakeholders)：识别消费者/平台/供应商需求
- 任务(Task)：分解为选品优化＋广告投放＋物流协调
- 行动(Action)：制定甘特图式执行计划
- 结果(Result)：设定数据验证标准

2. 教学手段：

- 对比教学：并排展示V3/R1对同一提示语的响应差异
- 沙盘演练：分组设计"智能家居方案"并交叉评估
- 可视化工具：使用Mermaid语法生成任务流程图
- 错误分析：解剖典型失败案例（如目标模糊导致的无效输出）

四、课后作业：

1. 使用V3模型生成Python爬虫代码，用R1模型创作产品故事文案
2. 运用RTGO框架设计"校园招聘方案"提示语（需包含角色/任务/量化目标）
3. 通过多轮对话完成学术论文修改（保留至少5轮对话记录）
4. 用CO-STAR框架构建"智能健身镜"产品开发方案

图 2-3 DeepSeek-R1 模型的输出结果

- **目标导向**：强调最终结果而非过程（如“让读者产生情感共鸣”）。
- **场景化**：描述具体应用场景（如“针对 20～30 岁女性用户”）。
- **激发创意**：允许使用类比、隐喻等修辞手法。

例如，我需要写一个防晒霜宣传文案，目标是“吸引用户注意力”，针对的应用场景是“20～30 岁女性”，要求语言生动活泼，可使用表情符号和网络流行词汇，尽情挥洒创意。这便是一个开放性任务。提示语示例如下。

> 请为新款防晒霜撰写一篇适合小红书平台的文案，需着重描绘“户外旅行”场景，语言需生动活泼，可适当运用表情符号和网络流行词汇，以吸引 20～30 岁女性用户的注意力。

将上述提示语输入 DeepSeek-R1 后，DeepSeek-R1 首先会输出“深度思考”过程，以明确任务的关键点（见图 2-4），随后生成一篇极具创意的小红书风格文案，如图 2-5 所示。

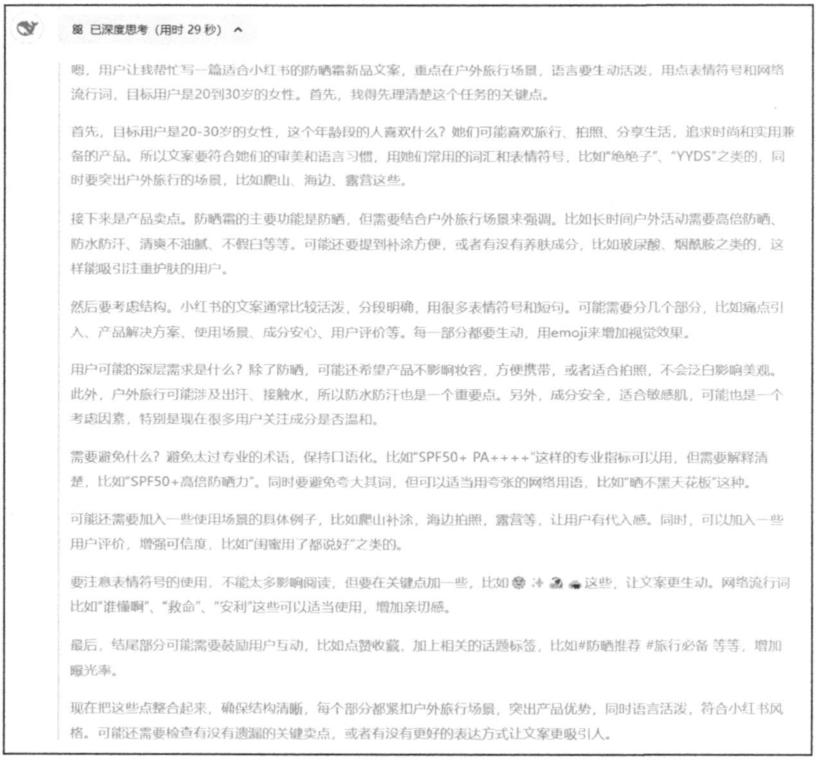
已深度思考（用时 29 秒）

嗯，用户让我帮忙写一篇适合小红书的防晒霜新品文案，重点在户外旅行场景，语言要生动活泼，用点表情符号和网络流行词，目标用户是20到30岁的女性。首先，我得先理清楚这个任务的关键点。

首先，目标用户是20-30岁的女性，这个年龄段的人喜欢什么？她们可能喜欢旅行、拍照、分享生活，追求时尚和实用兼备的产品。所以文案要符合她们的审美和语言习惯，用她们常用的词汇和表情符号，比如"绝绝子"、“YYDS”之类的，同时要突出户外旅行的场景，比如爬山、海边、露营这些。

接下来是产品卖点。防晒霜的主要功能是防晒，但需要结合户外旅行场景来强调。比如长时间户外活动需要高倍防晒、防水防汗、清爽不油腻、不假白等等。可能还要提到补涂方便，或者有没有养肤成分，比如玻尿酸、烟酰胺之类的，这样能吸引注重护肤的用户。

然后要考虑结构。小红书的文案通常比较活泼，分段明确，用很多表情符号和短句。可能需要分几个部分，比如痛点引入、产品解决方案、使用场景、成分安心、用户评价等。每一部分都要生动，用emoji来增加视觉效果。

用户可能的深层需求是什么？除了防晒，可能还希望产品不影响妆容，方便携带，或者适合拍照，不会泛白影响美观。此外，户外旅行可能涉及出汗、接触水，所以防水防汗也是一个重要点。另外，成分安全，适合敏感肌，可能也是一个考虑因素，特别是现在很多用户关注成分是否温和。

需要避免什么？避免太过专业的术语，保持口语化。比如"SPF50+ PA++++"这样的专业指标可以用，但需要解释清楚，比如"SPF50+高倍防晒力"。同时要避免夸大其词，但可以适当用夸张的网络用语，比如"晒不黑天花板"这种。

可能还需要加入一些使用场景的具体例子，比如爬山补涂，海边拍照，露营等，让用户有代入感。同时，可以加入一些用户评价，增强可信度，比如"闺蜜用了都说好"之类的。

要注意表情符号的使用，不能太多影响阅读，但要在关键点加一些，比如 🌞 ✨ 🏖 ⛺ 这些，让文案更生动。网络流行词比如"谁懂啊"、“救命”、"安利"这些可以适当使用，增加亲切感。

最后，结尾部分可能需要鼓励用户互动，比如点赞收藏，加上相关的话题标签，比如#防晒推荐 #旅行必备 等等，增加曝光率。

现在把这些点整合起来，确保结构清晰，每个部分都紧扣户外旅行场景，突出产品优势，同时语言活泼，符合小红书风格。可能还需要检查有没有遗漏的关键卖点，或者有没有更好的表达方式让文案更吸引人。

图 2-4　R1 的深度思考过程

😎【旅行防晒神器】让你在户外也能白到发光！✨

姐妹们！是不是每次旅行回来都感觉自己黑了一个度？🙈别担心，这次我找到了户外旅行的防晒救星！✨

🧴【XX防晒霜】SPF50+ PA++++，高倍防晒力让你在阳光下也能放肆嗨！无论是爬山⛰️、海边🏖️还是沙漠🏜️，都能轻松应对！水感质地，一抹就化，清爽不油腻，再也不怕闷痘和假白啦！💧

🧪【实测分享】
✔️敦煌沙漠暴走8小时，补涂3次依然白到发光✨
✔️三亚冲浪被浪拍脸，居然没有流白汤！🌊
✔️川西露营凌晨化妆，和底妆完美贴合不搓泥💄

🧴【成分党福音】玻尿酸+马齿苋，边防晒边养肤，暴晒后皮肤依然水润有弹性💧敏感肌也能安心使用！

💼【小巧便携】瓶身只有粉饼盒大小，轻松塞进口袋，随时随地补涂无压力💪闺蜜们都追着要链接🔗"你这防晒是焊在脸上了吧！"

🧴【旅行防晒小贴士】
1️⃣出门前15分钟涂硬币大小
2️⃣每2小时用防晒气垫补妆（记得要拍开！）
3️⃣流汗后用纸巾按压再补涂

❤️【福利时间】现在下单还送冰川蓝防晒渔夫帽+旅行分装瓶！评论区揪3个宝子送同款正装！

#防晒必备 #旅行神器 #户外防晒 #白到发光
👉点击左下角🔗get今夏硬核防晒体验！

（文案搭配九宫格：沙漠比耶自拍/冲浪抓拍/防晒在背包特写/手臂对比实验/阳光下流动的乳液质地）

🌟小tips：搭配防晒唇膏+头皮防晒喷雾食用更佳哦！这个夏天，做朋友圈晒不黑的拽姐！😎💪

图 2-5 R1 的输出结果

将相同的提示语输入 DeepSeek-V3，得到的回复如图 2-6 所示。通过对比可以明显看出，在开放性任务方面，DeepSeek-V3 的表现明显逊色。

😎救命！这款防晒霜简直是户外旅行的神仙CP！🧴

姐妹们听我说！最近挖到一款防晒霜
真的绝绝子！户外旅行必备神器✨

上周末去爬山暴晒一整天
涂了它居然一点都没黑！
连闺蜜都说我白得发光🌟

质地水润不黏腻
一抹就吸收 完全不会搓泥
出汗也不怕 防水防汗超能打💪

最绝的是它还能当妆前乳
底妆服帖到爆 完全不会卡粉
旅行带这一瓶就够了！

户外旅行拍照必备
再也不怕晒黑影响出片啦📸
姐妹们冲就完事了！

#防晒霜 #户外旅行必备 #旅行好物 #防晒测评 #夏日必备

图 2-6 V3 的输出结果

通过深入理解这两种任务类型及其适用的情境，以及 DeepSeek-V3 与 DeepSeek-R1 在处理提示语方面的不同，用户可以依据实际需求挑选出最适宜的工具，进而提高工作效率。

2.2　DeepSeek-V3 等非推理大模型的提问技巧

非推理大模型的提示语就像是大模型的一份详细工作指南。例如，对于 DeepSeek-V3 来说，提示语告诉 DeepSeek-V3 要扮演什么角色（比如经验丰富的老师或专业的数据分析师）、具体做什么任务（比如写一篇科普文章或做一份数据分析报告）、达到什么目标（比如让小白用户也能看懂，或者给专业人士提供深度见解），以及如何完成（比如用通俗的语言、字数限定为多少字以内、文案具有怎样的结构、输出为 Word 格式）。

为了帮助 DeepSeek-V3 更精准地领会你的需求，可以使用一个简洁而强大的工具来写作提示语——RTGO 框架。该框架通过 Role（角色，R）、Task（任务，T）、Goal（目标，G）、Output（输出，O）这 4 个步骤将模糊的想法转化为明确的指令，使 DeepSeek-V3 真正成为你的得力助手，如图 2-7 所示。

图 2-7　RTGO 框架

2.2.1　角色（R）定义：构建精准的"人物形象"

在与 DeepSeek-V3 进行对话的过程中，角色的设定构成了整个交互过程的基础。

它决定了 DeepSeek-V3 将以何种身份、何种视角以及何种专业深度来回应用户的需求。简而言之，角色为 DeepSeek-V3 塑造了一个具体的"人物形象"，这个"人物形象"不仅包括 DeepSeek-V3 的"职业身份"，还应涵盖其经验水平、专业领域、沟通风格等多个维度，从而确保 DeepSeek-V3 的回答既符合用户的预期，又具备高度的专业性和实用性。

1. 角色定义的重要性

在使用 DeepSeek-V3 的过程中，为其设定角色绝非多此一举，而是有着重要的实际意义。接下来从三个关键方面来解释为什么需要为 DeepSeek-V3 设定角色。

- **激活特定领域的知识库**：DeepSeek-V3 是一个拥有海量信息的"全能型选手"，但它并不知道你希望它调用哪一部分知识。通过角色定义，你可以明确告诉 DeepSeek-V3，"你现在是一位经验丰富的营养师"，这样它就会自动过滤与营养学无关的信息，专注于提供专业的与营销学相关的建议。
- **限定回答的范围和深度**：没有设定角色的提问往往会导致 DeepSeek-V3 的回答过于宽泛或偏离主题。例如，如果你只是简单地提问"如何保持健康"，DeepSeek-V3 可能会从运动、饮食、心理等多个角度泛泛而谈；但如果你明确角色，"你是一位对糖尿病管理有深入研究和丰富经验的营养师"，DeepSeek-V3 的回答就会聚焦于通过饮食控制血糖的具体方法。
- **提升回答的实用性和场景适配性**：角色定义可以帮助 DeepSeek-V3 更好地理解你的需求场景。例如，针对"如何提高睡眠质量"这一问题，如果角色是"一位帮助职场人士改善睡眠的治疗师"，DeepSeek-V3 会提供针对加班、压力等职场问题的解决方案。如果角色是"一位专注于老年人健康的睡眠专家"，DeepSeek-V3 则会更多地关注老年人的生理特点和常见睡眠障碍。

2. 如何设计一个有效的角色

在与 DeepSeek-V3 进行交互的过程中，设计一个有效的角色至关重要，这能够让 DeepSeek-V3 更精准地理解并满足我们的需求。通常可从以下三个维度来构建角色的"人物形象"。

- **专业背景**：明确 DeepSeek-V3 的"职业身份"，这是角色定义的核心。你需要明确 DeepSeek-V3 将以什么样的职业身份来回答问题。数据分析师、心理咨询师、市场营销专家等都是常见的职业身份。需要注意的是，职业身份越具体，V3 的回答就越精准。例如，市场营销专家可以进一步细化为“专注于社交媒体营销的数字营销专家”。

- **经验水平：**角色的经验水平直接影响 V3 回答的专业程度，因此需要设计角色的资历。可以通过添加“新手”“资深”“10 年经验”等关键词来设定角色的资历。例如，“一位有 10 年临床经验的营养师”会比“一位营养师”提供的建议更专业、更可信。
- **特定专长：**为了让 V3 的回答更具针对性，可以进一步细化、限定角色的专业领域。例如，“专注于糖尿病管理的营养师”或“擅长儿童教育的心理咨询师”。这种细化不仅能提高回答的专业性，还能避免提供与需求无关的信息。

3. 角色定义的实际应用示例

如果只是提出一个普通的问题，例如向 DeepSeek-V3 输入提示语“请写一篇关于健康饮食的文章”，那么输出结果可能如图 2-8 所示。可以看到，生成的文章内容较为宽泛，缺乏针对特定人群或特定需求的深入探讨。

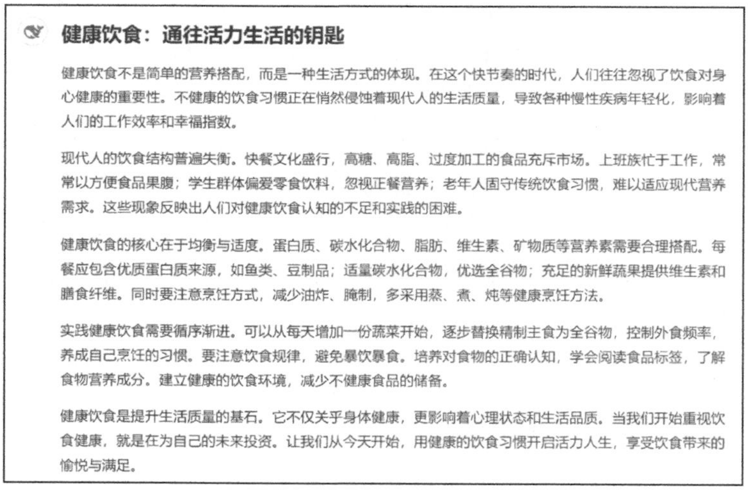

健康饮食：通往活力生活的钥匙

健康饮食不是简单的营养搭配，而是一种生活方式的体现。在这个快节奏的时代，人们往往忽视了饮食对身心健康的重要性。不健康的饮食习惯正在悄然侵蚀着现代人的生活质量，导致各种慢性疾病年轻化，影响着人们的工作效率和幸福指数。

现代人的饮食结构普遍失衡。快餐文化盛行，高糖、高脂、过度加工的食品充斥市场。上班族忙于工作，常常以方便食品果腹；学生群体偏爱零食饮料，忽视正餐营养；老年人固守传统饮食习惯，难以适应现代营养需求。这些现象反映出人们对健康饮食认知的不足和实践的困难。

健康饮食的核心在于均衡与适度。蛋白质、碳水化合物、脂肪、维生素、矿物质等营养素需要合理搭配。每餐应包含优质蛋白质来源，如鱼类、豆制品；适量碳水化合物，优选全谷物；充足的新鲜蔬果提供维生素和膳食纤维。同时要注意烹饪方式，减少油炸、腌制，多采用蒸、煮、炖等健康烹饪方法。

实践健康饮食需要循序渐进。可以从每天增加一份蔬菜开始，逐步替换精制主食为全谷物，控制外食频率，养成自己烹饪的习惯。要注意饮食规律，避免暴饮暴食。培养对食物的正确认知，学会阅读食品标签，了解食物营养成分。建立健康的饮食环境，减少不健康食品的储备。

健康饮食是提升生活质量的基石。它不仅关乎身体健康，更影响着心理状态和生活品质。当我们开始重视饮食健康，就是在为自己的未来投资。让我们从今天开始，用健康的饮食习惯开启活力人生，享受饮食带来的愉悦与满足。

图 2-8　无角色的普通提问

当加入角色定义后，例如，“你是一位有 10 年临床经验的营养师，专注于糖尿病患者的饮食管理，请写一篇关于健康饮食的文章”，生成的结果将如图 2-9 所示。DeepSeek-V3 会从专业营养师的角度出发，提供更具体、更实用的建议，例如如何通过饮食控制血糖、哪些食物适合糖尿病患者等。

✿ **掌控血糖，从餐桌开始：糖尿病患者的饮食管理指南**

作为一名与糖尿病抗争了10年的临床营养师，我深知饮食控制对糖尿病患者的重要意义。它不仅是控制血糖的基石，更是预防并发症、提高生活质量的关键。

一、知己知彼：糖尿病饮食管理的核心

许多糖尿病患者对饮食控制存在误解，认为只要不吃甜食就行。事实上，糖尿病饮食管理的核心在于**控制总能量摄入，保持营养均衡，维持血糖稳定**。

- **控制总能量**：根据身高、体重、活动量等因素，计算出每日所需能量，并严格控制，避免过量摄入导致血糖升高。
- **营养均衡**：保证碳水化合物、蛋白质、脂肪、维生素、矿物质等营养素的均衡摄入，满足身体所需。
- **维持血糖稳定**：选择低血糖生成指数（GI）的食物，避免血糖剧烈波动。

二、量身定制：个性化饮食方案

每个糖尿病患者的病情、身体状况、饮食习惯都不同，因此需要制定个性化的饮食方案。

- **计算每日所需能量**：我会根据患者的具体情况，使用专业的公式计算出每日所需能量，并制定相应的食谱。
- **选择适合的食物**：我会指导患者选择低GI、高纤维的食物，例如全谷物、蔬菜、豆类等，并限制高糖、高脂肪、高盐食物的摄入。
- **合理安排餐次**：建议患者少量多餐，定时定量，避免暴饮暴食。

三、实践出真知：饮食技巧与食谱推荐

- **烹饪方式**：选择清蒸、水煮、凉拌等健康的烹饪方式，避免油炸、煎炒。
- **食物替换**：用糙米代替白米，用全麦面包代替白面包，用水果代替甜点。
- **阅读食品标签**：学会阅读食品标签，了解食物的营养成分，选择适合自己的食品。

以下是一些适合糖尿病患者的食谱推荐：

- **早餐**：燕麦粥（搭配牛奶、坚果）、全麦面包（搭配鸡蛋、蔬菜）
- **午餐**：杂粮饭、清蒸鱼、炒青菜
- **晚餐**：小米粥、鸡肉沙拉、凉拌豆腐
- **加餐**：水果、酸奶、坚果

四、持之以恒：饮食管理是一场持久战

糖尿病饮食管理需要长期坚持，不能三天打鱼两天晒网。我会定期随访患者，根据血糖变化和身体状况调整饮食方案，并提供心理支持和鼓励。

五、结语

糖尿病并不可怕，只要科学饮食，积极配合治疗，就能有效控制血糖，预防并发症，享受健康生活。希望这篇文章能帮助到更多的糖尿病患者，让我们一起战胜糖尿病！

图 2-9 角色定义后的输出结果

　　当为角色设定更具体的专长时，例如，"你是一位在社区医院工作的营养师，有 5 年糖尿病管理经验，擅长用通俗易懂的语言向中老年患者讲解健康知识。请写一篇关于健康饮食的文章，目标是帮助糖尿病患者控制血糖"，生成的结果将如图 2-10 所示。可以看到，DeepSeek-V3 的回答更加贴合中老年患者的理解水平，内容也会更集中于血糖控制，同时也没有使用过于专业的术语。

> ❧ **糖友吃饭不用愁，跟我学，血糖稳稳的！**
>
> 各位叔叔阿姨好，我是咱们社区医院的营养师小李，在糖尿病管理这块儿干了5年了，见过不少糖友为吃饭发愁。今天啊，我就跟大家聊聊，糖尿病患者怎么吃才能把血糖控制得稳稳的！
>
> **一、 吃饭有讲究，记住"12345"**
>
> 很多糖友觉得，得了糖尿病就得饿肚子，这也不敢吃，那也不敢碰。其实啊，糖尿病饮食没那么可怕，记住"12345"原则，吃饭也能很轻松：
>
> - **1袋奶：** 每天一袋低脂牛奶，补充钙质，强壮骨骼。
> - **2两肉：** 鱼、虾、鸡肉、瘦肉都可以，补充优质蛋白。
> - **3两水果：** 选择低糖水果，比如苹果、梨、柚子等，在两餐之间吃。
> - **4两主食：** 粗细搭配，糙米、燕麦、全麦面条都是不错的选择。
> - **5两蔬菜：** 绿叶蔬菜、菌菇类、瓜果类都可以，富含膳食纤维，帮助控制血糖。
>
> **二、 吃饭有技巧，血糖不升高**
>
> 除了吃什么，怎么吃也很重要：
>
> - **细嚼慢咽：** 吃饭别着急，细嚼慢咽有助于消化吸收，还能增加饱腹感。
> - **定时定量：** 每天三餐定时定量，避免暴饮暴食。
> - **少食多餐：** 可以在两餐之间加个餐，比如一杯酸奶、几颗坚果，避免血糖波动过大。
> - **清淡少油：** 少吃油炸、煎炸食品，选择清蒸、水煮、凉拌等健康的烹饪方式。
>
> **三、 吃饭有食谱，照着做就行**
>
> 我给大家推荐几个简单易做的食谱：
>
> - **早餐：** 燕麦粥（搭配牛奶、坚果）、全麦面包（搭配鸡蛋、蔬菜）
> - **午餐：** 杂粮饭、清蒸鱼、炒青菜
> - **晚餐：** 小米粥、鸡肉沙拉、凉拌豆腐
> - **加餐：** 水果、酸奶、坚果
>
> **四、 坚持就是胜利，血糖控制靠自己**
>
> 糖尿病饮食管理贵在坚持，不能三天打鱼两天晒网。我会定期在社区举办健康讲座，跟大家分享更多实用的饮食技巧，也欢迎大家随时来咨询我。
>
> **最后，我想对各位糖友说：** 糖尿病并不可怕，只要科学饮食，积极配合治疗，就能有效控制血糖，预防并发症，享受健康生活！让我们一起努力，战胜糖尿病！

图 2-10 给角色设定了更细化的特定专长后的输出结果

通过这样的角色定义，你会发现 DeepSeek-V3 的回答更加专业、实用，也更符合你的需求。

记住，角色定义是 RTGO 框架的第一步，也是最重要的一步——它决定了 DeepSeek-V3 将以什么样的视角和深度来回应你的问题。

2.2.2 任务（T）描述：绘制清晰的"工作范围"

在明确了 DeepSeek-V3 的角色之后，下一步就是向它明确具体的工作内容，这正是"任务描述"的核心意义。任务描述需要清晰界定任务的性质、范围以及内容

载体，但不应涉及任务的目的或具体的执行细节。它相当于为 DeepSeek-V3 划定了一个明确的"工作范围"，确保其不会偏离主题。

1. 任务描述的重要性

在与 DeepSeek-V3 交互的过程中，清晰的任务指令至关重要，它直接关系到我们能否获得符合预期的结果以及任务执行的整体效率和质量。下面从几个关键方面来深入探讨为什么需要清晰的任务指令。

- **避免因指令模糊而产生偏差**：如果任务描述过于笼统，DeepSeek-V3 可能会根据自身的理解进行自由发挥，从而导致生成的结果与预期大相径庭。例如，如果仅简单要求"写一篇关于健康的文章"，V3 可能会撰写一篇涉及饮食、运动、心理等多个方面的泛泛之作，无法精准契合你的具体需求。
- **提高任务的执行效率**：清晰的任务描述可以帮助 DeepSeek-V3 快速定位核心任务，减少不必要的试错和调整。例如，明确告诉 V3，"请根据最新的市场数据，制作一份关于新能源汽车行业的分析报告"，它就会直接调用相关数据，而不是从零开始猜测你的需求。
- **确保结果的实用性和专业性**：通过详细的任务描述，可以引导 DeepSeek-V3 生成更符合实际应用场景的结果。例如，如果你需要一份"适合在社交媒体上传播的科普文章"，DeepSeek-V3 就会避免使用过于专业的术语，而是采用更通俗易懂的语言来生成这份科普文章。

2. 如何设计一个有效的任务描述

想让 DeepSeek-V3 高效且准确地完成任务，设计一个有效的任务描述是关键所在。可以从以下三个维度来精心构建任务描述，为 DeepSeek-V3 绘制出清晰的"行动蓝图"，让它能更好地理解并执行你的指令。

- **核心动作**：明确 DeepSeek-V3 的任务目标，这是构建任务描述的基石。需要清晰界定 DeepSeek-V3 所需执行的具体动作，常见的核心动作涵盖撰写、分析、设计、总结、翻译等。例如，"请撰写一篇关于人工智能发展趋势的文章"或"请分析过去三个月的销售数据"。
- **内容载体**：明确任务呈现的形式，任务成果应以何种形式展现，是文章、报告、图表、视频脚本，还是其他类型。清晰界定内容载体有助于 DeepSeek-V3 更有效地组织信息。例如，"请撰写一份包含图表的市场分析报告"或"请撰写一篇针对防晒霜的推广文案，适宜在小红书平台发布”。

- **参考素材**：为任务提供必要的背景信息。为了帮助 DeepSeek-V3 更深入地理解任务背景，可提供相关的参考素材，例如数据资料、链接地址或示例内容。例如，“请根据 XXX 健康报告第 XX 页的数据，撰写一篇关于糖尿病预防的文章”，或者“请参照以下示例文章的风格，创作一篇相似主题的内容”。

3. 任务描述的实际应用示例

如果只是提出一个普通的问题，例如向 DeepSeek-V3 输入提示语，“请写一篇关于人工智能的文章”，那么输出结果可能如图 2-11 所示。DeepSeek-V3 输出的内容可能涵盖从发展现状到未来机遇与挑战等在内的所有内容，写得很宽泛，缺乏针对性，且都不深入。

人工智能：重塑未来的双刃剑

人工智能正以惊人的速度重塑着人类社会的方方面面。从智能手机中的语音助手到自动驾驶汽车，从医疗诊断到金融交易，AI技术已经深深嵌入我们的日常生活。这种技术革命不仅改变了我们的生活方式，更在重新定义人类文明的发展轨迹。

一、人工智能的发展现状

当前，人工智能技术已经取得了突破性进展。深度学习算法的突破使得机器在图像识别、自然语言处理等领域超越了人类水平。AlphaGo战胜围棋世界冠军、ChatGPT生成高质量文本等里程碑事件，标志着AI技术已经达到新的高度。在医疗领域，AI辅助诊断系统能够准确识别医学影像中的病灶；在金融领域，智能算法实现了毫秒级的交易决策；在教育领域，个性化学习系统为每个学生量身定制学习方案。

二、人工智能带来的机遇

人工智能正在创造巨大的经济价值和社会效益。在医疗健康领域，AI技术帮助医生更早发现疾病，提高诊断准确率，降低医疗成本。智能医疗系统可以24小时不间断工作，为偏远地区提供优质医疗服务。在教育领域，AI技术实现了个性化教学，让每个学生都能获得最适合自己的学习方案。智能教育平台能够实时分析学生的学习情况，自动调整教学内容和进度。

在科学研究方面，AI技术正在加速新药研发、材料发现等领域的突破。AlphaFold成功预测蛋白质结构，为生命科学研究开辟了新途径。在环境保护领域，AI技术帮助监测气候变化，优化能源使用，推动可持续发展。

三、人工智能带来的挑战

人工智能的发展也带来了一系列社会问题。就业市场正面临巨大冲击，许多传统工作岗位可能被AI取代。数据隐私和安全问题日益突出，个人信息的收集和使用引发广泛担忧。算法偏见可能导致社会不公，AI系统的决策过程缺乏透明度。

更深远的影响在于，AI技术可能改变人类的认知方式和价值观念。过度依赖AI可能导致人类思维能力退化，情感联系弱化。如何在技术进步中保持人性，成为我们必须面对的重要课题。

图 2-11　普通任务描述的输出结果

当加入了核心动作、内容载体以及参考素材后，例如，"请撰写一篇关于人工智能在医疗领域应用的文章，重点介绍 AI 在疾病诊断和治疗中的最新进展，并参考《全球医疗科技产业报告 2024 版》中的数据"，生成的结果将如图 2-12 所示。DeepSeek-V3会聚焦于医疗领域，提供更具体、更实用的信息。

🖉 **人工智能重塑医疗：从辅助诊断到精准治疗的革命性突破**

人工智能正在重塑医疗行业的每一个环节。根据《全球医疗科技产业报告2024版》显示，2023年全球医疗AI市场规模达到427亿美元，同比增长62.3%，这一增长速度远超其他医疗技术领域。在疾病诊断方面，AI系统的准确率已经达到96.7%，超过人类医生的平均水平。AI不仅改变了传统的诊疗模式，更开启了精准医疗的新纪元。

一、AI诊断：从辅助工具到决策核心

影像识别是AI在医疗领域最早突破的方向。深度学习算法能够从海量医学影像中提取人眼难以察觉的特征，实现对疾病的早期发现。在肺癌筛查中，AI系统对微小结节的识别准确率达到98.2%，远超放射科医生的平均水平。AI辅助诊断系统已在全球超过2000家医院投入使用，日均处理影像数据超过100万例。

病理诊断领域，AI算法通过分析细胞形态和组织结构，能够准确识别癌症类型和分期。在乳腺癌诊断中，AI系统的准确率达到97.5%，将诊断时间从传统的2-3天缩短至15分钟。AI病理诊断系统已在欧美多家顶级医院实现商业化应用。

在基因诊断方面，AI算法能够快速分析全基因组测序数据，准确识别致病突变。通过整合临床数据和基因组数据，AI系统能够预测疾病风险，为个性化预防提供依据。AI基因诊断平台已在遗传病筛查和肿瘤精准治疗中发挥重要作用。

二、AI治疗：从标准化到个性化

AI算法通过分析海量临床数据，能够为每位患者制定最优治疗方案。在肿瘤治疗中，AI系统能够预测不同治疗方案的效果，推荐最佳用药方案。AI辅助治疗方案制定系统已在多家肿瘤医院投入使用，显著提高了治疗效果。

手术机器人是AI在治疗领域的又一突破。达芬奇手术机器人通过AI算法实现精准操作，将手术精度提升至0.1毫米。AI手术机器人已在全球完成超过100万例手术，涵盖心脏、神经、肿瘤等多个领域。

在药物研发中，AI算法能够预测药物分子与靶点的相互作用，大幅缩短新药研发周期。AI药物研发平台已成功设计出多个创新药物分子，将新药研发周期从传统的10-15年缩短至3-5年。

图 2-12　任务描述细化后的输出结果

2.2.3　目标（G）设定：指明"成功的终点"

在明确了 DeepSeek-V3 的角色和任务之后，接下来需要解答一个关键问题：你希望 DeepSeek-V3 通过执行这项任务达到什么样的目标？

这正是"目标设定"的核心所在。目标设定相当于为 DeepSeek-V3 指明"成功的终点"，它不仅决定了 DeepSeek-V3 生成的内容的方向和深度，还直接影响最终结果的实用性和适配性。简而言之，目标设定就是在向 DeepSeek-V3 传达"你为何要做这件事，你期望取得何种效果"。

1. 目标设定的重要性

在使用 DeepSeek-V3 的过程中，明确的目标设定绝非可有可无，它对获得高质量、符合预期的结果起着关键作用。下面从三个关键方面深入探讨明确目标的重要性。

- **避免结果与需求脱节**：如果没有清晰明确的目标，DeepSeek-V3 可能会生成看似合理但实际无用的内容。例如，如果只是简单地要求 DeepSeek-V3 撰写一篇关于健康的文章，它可能会产出一篇内容宽泛的文章，无法精准满足特定的传播或应用需求。
- **提高内容的针对性和实用性**：清晰的目标能够助力 DeepSeek-V3 更精准地把握你的需求场景，从而生成更贴合实际应用的内容。例如，如果你希望撰写一篇关于"帮助新手父母了解婴儿睡眠问题"的文章，DeepSeek-V3 将避免使用过于专业的术语，转而提供更具实用性的建议。
- **优化内容的深度和广度**：目标设定决定了 DeepSeek-V3 生成内容的详略程度。例如，若希望文章用于企业内部培训，DeepSeek-V3 可能会提供更深入的分析和翔实的案例；若希望文章用于社交媒体传播，DeepSeek-V3 则会侧重于增强内容的趣味性和可读性。

2. 如何设计一个有效的目标

在使用 DeepSeek-V3 执行任务时，设计一个有效的目标是确保最终成果能够达到预期的关键所在。而要设计出这样的目标，可以从以下三个关键维度入手。

- **受众画像**：明确内容的受众群体。你需要清晰地告知 DeepSeek-V3，所生成内容的目标读者是谁。受众的年龄层次、职业背景、知识储备以及兴趣爱好等，都会直接影响内容的风格和深度。例如，"面向职场新人的时间管理指南"与"面向企业高管的时间管理策略"在内容选择和表达方式上会呈现出显著的差异。
- **传播场景**：明确内容的传播场景。内容将用在哪些场景中？是朋友圈分享、内部汇报、公开演讲，还是其他特定场合？不同的场景对内容的格式、风格和深度有着不同的要求。例如，朋友圈分享通常要求内容简洁有趣，而内部汇报则需要数据翔实、逻辑严密。

- **预期效果**：明确内容的预期效果。你希望通过生成的内容实现什么，是引发情感共鸣、推动购买决策，还是树立专业权威？清晰界定预期效果有助于 DeepSeek-V3 更有效地组织内容。例如，若预期效果是推动购买决策，DeepSeek-V3 可能会着重突出产品的优势与用户反馈；若是树立专业权威，则可能更侧重于提供翔实的数据支持和案例分析。

3. 目标设定的实际应用示例

如果只是提出一个普通的问题，例如，"请写一篇关于健康饮食的文章"，DeepSeek-V3 可能会泛泛而谈，缺乏针对性，如图 2-13 所示。

健康饮食：通往活力生活的钥匙

健康饮食不是简单的营养搭配，而是一种生活方式的体现。在这个快节奏的时代，人们往往忽视了饮食与健康之间的深层联系。每一口食物都在塑造着我们的身体，影响着我们的思维和情绪。

现代人的饮食结构正在发生根本性改变。加工食品、快餐文化的盛行，使我们的餐桌充斥着高糖、高盐、高脂肪的食物。这种饮食模式不仅导致肥胖率攀升，更与多种慢性疾病密切相关。数据显示，不健康饮食已成为全球可预防死亡的主要风险因素之一。

健康饮食的核心在于回归食物的本质。新鲜蔬果、全谷物、优质蛋白质的合理搭配，能为身体提供必需的营养素。地中海饮食模式就是一个很好的范例，它强调植物性食物的摄入，适量食用鱼类和乳制品，这种饮食方式被证明能够降低心血管疾病的风险。

建立健康的饮食习惯需要循序渐进。可以从增加蔬菜摄入量开始，逐步减少加工食品的食用。注意饮食的多样性，确保摄入各种营养素。同时，培养对食物的感知能力，学会享受食物本身的味道，而不是过度依赖调味品。

健康饮食带来的改变是全方位的。它不仅能够改善身体状况，还能提升精神状态和工作效率。当我们选择健康的饮食方式时，实际上是在投资自己的未来。让我们从今天开始，用健康的饮食开启充满活力的生活。

图 2-13　无目标设定的输出结果

如果加入目标设定，例如，"请撰写一篇关于健康饮食的文章，目标是帮助糖尿病患者控制血糖"，输出结果如图 2-14 所示。DeepSeek-V3 会聚焦于糖尿病患者的饮食需求，提供更具体、更实用的建议。

如果加入更详细的目标设定，例如，"请撰写一篇关于健康饮食的文章，目标是帮助 50 岁以上的糖尿病患者通过饮食控制血糖。这篇文章要在社区健康讲座上使用，内容需要通俗易懂，并包含三个实际案例"，输出结果如图 2-15 所示。DeepSeek-V3 的回答会更加聚焦、实用，且符合你的具体需求。

❧ **重塑餐桌：糖尿病患者的饮食革命**

糖尿病患者的饮食控制是一场静默的革命，这场革命发生在每一张餐桌上，关乎着数百万人的生命质量。在这场革命中，食物不再是简单的能量来源，而是成为了调控血糖的重要武器。

糖尿病饮食管理的核心在于建立科学的饮食结构。碳水化合物、蛋白质、脂肪三大营养素的合理配比，直接影响着血糖的波动。研究表明，采用低GI（血糖生成指数）饮食，能使糖尿病患者的糖化血红蛋白水平显著降低。这意味着选择全谷物、豆类、蔬菜等低GI食物，能够帮助维持血糖平稳。

在具体实践中，糖尿病患者需要掌握独特的饮食技巧。分餐制是控制餐后血糖的有效方法，将一日三餐改为五到六餐，既能满足营养需求，又可避免血糖剧烈波动。食物搭配也大有讲究，如在食用碳水化合物时搭配富含膳食纤维的食物，可以延缓糖分吸收。

现代科技为糖尿病饮食管理提供了新的可能。智能饮食记录APP、血糖监测设备、个性化营养分析软件等工具，让患者能够更精准地掌握自己的饮食状况。这些技术创新正在改变传统的糖尿病管理模式，使饮食控制变得更加科学和便捷。

糖尿病饮食革命的意义不仅在于控制血糖，更在于重塑患者与食物的关系。通过科学的饮食管理，糖尿病患者能够重新获得对生活的掌控感。这场革命告诉我们，正确的饮食选择能够带来健康的希望，而希望正是战胜疾病最强大的力量。

图 2-14   加入目标设定后的输出结果

❧ **智慧饮食，稳糖有道：50+糖友的餐桌革命**

各位社区的朋友们，今天我们要聊一个关乎健康的重要话题——如何通过智慧饮食来控制血糖。对于50岁以上的糖友们来说，饮食不仅是享受，更是一门管理健康的学问。

首先，我们要明白一个道理：食物就是最好的"降糖药"。张阿姨，65岁，以前早餐爱吃白粥配咸菜，血糖经常忽高忽低。后来她改吃杂粮粥，配上水煮蛋和凉拌菠菜，现在空腹血糖稳定在6.5左右。这就是选择了低GI食物的效果。

其次，吃饭要讲究"智慧搭配"。李叔叔，58岁，以前爱吃红烧肉配米饭，餐后血糖经常飙升到13。现在他学会了"321"法则：每餐3份蔬菜、2份蛋白质、1份主食。用清蒸鱼代替红烧肉，用糙米饭代替白米饭，餐后血糖控制在8以下。

最后，要懂得"少食多餐"的智慧。王奶奶，72岁，以前一天三顿，每顿都吃得很饱，血糖波动大。现在她把三餐分成五餐，每餐只吃七分饱，中间加些坚果或低糖水果，全天血糖都很平稳。

记住这三个要点：

1. 主食要粗细搭配，多吃杂粮
2. 蛋白质要充足，优先选择鱼、蛋、豆制品
3. 蔬菜要足量，每天至少500克

饮食控制贵在坚持，但不必苛求完美。偶尔想吃点甜食，可以在正餐后少量食用，同时减少主食量。记住，我们是在管理血糖，不是在惩罚自己。

让我们携手开启这场餐桌革命，用智慧饮食掌控健康，让血糖稳稳的，生活美美的！

图 2-15   加入更详细的目标设定后的输出结果

2.2.4   输出（O）规范：设定"执行的细节"

在明确了 DeepSeek-V3 的角色、任务和目标之后，最后一步是指导 DeepSeek-V3 如何具体执行任务。这正是"输出规范"的核心所在。

输出规范相当于为 DeepSeek-V3 制定了"执行的细节",它涵盖了输出格式、语言风格、禁忌事项等各个方面,确保生成的内容不仅满足你的需求,还能在实际应用中实现无缝衔接。简而言之,输出规范就是在告诉 DeepSeek-V3:你不仅要完成任务,还要按照我的具体要求来完成。

1. 输出规范的重要性

在使用 DeepSeek-V3 过程中,输出规范可确保 DeepSeek-V3 的输出结果符合我们的预期。详细的输出规范绝不是可有可无的烦琐要求,而是确保任务顺利完成、成果符合预期的关键因素。下面从三个关键方面探讨为什么需要详细的输出规范。

- **确保结果的一致性**:若缺乏明确的输出规范,DeepSeek-V3 可能会根据自身的理解进行自由发挥,从而导致生成的结果与预期不符。例如,当你需要一篇适合在社交媒体上传播的科普文章,但未明确语言风格和字数限制时,DeepSeek-V3 可能会生成一篇过于专业或冗长的文章。
- **提升内容的可用性**:制定详细的输出规范有助于 DeepSeek-V3 生成更贴合实际应用需求的内容。例如,若需要制作一份企业内部培训 PPT,并明确要求"每页文字不超过 50 字,同时搭配相关图表",DeepSeek-V3 将据此生成更加简洁、直观的 PPT。
- **减少不必要的修改与调整**:通过预先确定输出规范,可以有效降低后续的修改工作量。例如,若明确指示"使用 Markdown 格式输出",DeepSeek-V3 将直接生成符合要求的内容,从而避免手动调整格式的麻烦。

2. 如何设计一个有效的输出规范

当期望 DeepSeek-V3 能够按照我们的意愿输出高质量的内容时,设计一个有效的输出规范是必不可少的环节。它像是精细的施工蓝图,为 DeepSeek-V3 的执行提供明确的指引。而要构建出这样有效的输出规范,我们可以从以下三个关键维度入手。

- **输出格式**:明确内容的输出形式。你需要向 DeepSeek-V3 说明内容将以何种格式展现,例如文章、报告、图表、视频脚本或其他格式。不同的格式对内容的组织方式有着不同的要求。例如,"请以 Markdown 格式输出内容,并包含三级标题"。
- **语言风格**:确定内容的语言风格。内容的语言风格是正式、轻松、幽默,还是其他类型?明确的语言风格有助于 DeepSeek-V3 更有效地组织语言。例如,"请用通俗易懂的语言撰写一篇 2000 字的文章,适合初中生阅读"或"请采用幽默风趣的语言风格写作一篇适合在社交媒体上传播的文章”。

- **禁忌事项**：明确需要规避的内容。任务是否存在特定的禁忌事项？例如，是否需要避免使用某些特定词汇、绕开敏感话题或不提及竞争对手。清晰界定禁忌事项有助于 DeepSeek-V3 避免生成不符合要求的内容。例如，“请勿提及任何竞争对手的品牌名称”或“请避免使用过于专业的医学术语”。

3. 输出规范的实际应用示例

比如，针对“请写一篇关于人工智能的文章”这个提示语，DeepSeek-V3 可能会写得很空洞宽泛，缺乏针对性。但加入输出规范后，生成的文章将更加聚焦、具体。例如，“请撰写一篇关于人工智能在医疗领域应用的文章，字数控制在 1500 字左右，语言风格通俗易懂，适合普通读者阅读”，输出结果如图 2-16 所示。DeepSeek-V3 将专注于医疗领域，并在指定的篇幅内提供更具体、更实用的信息。

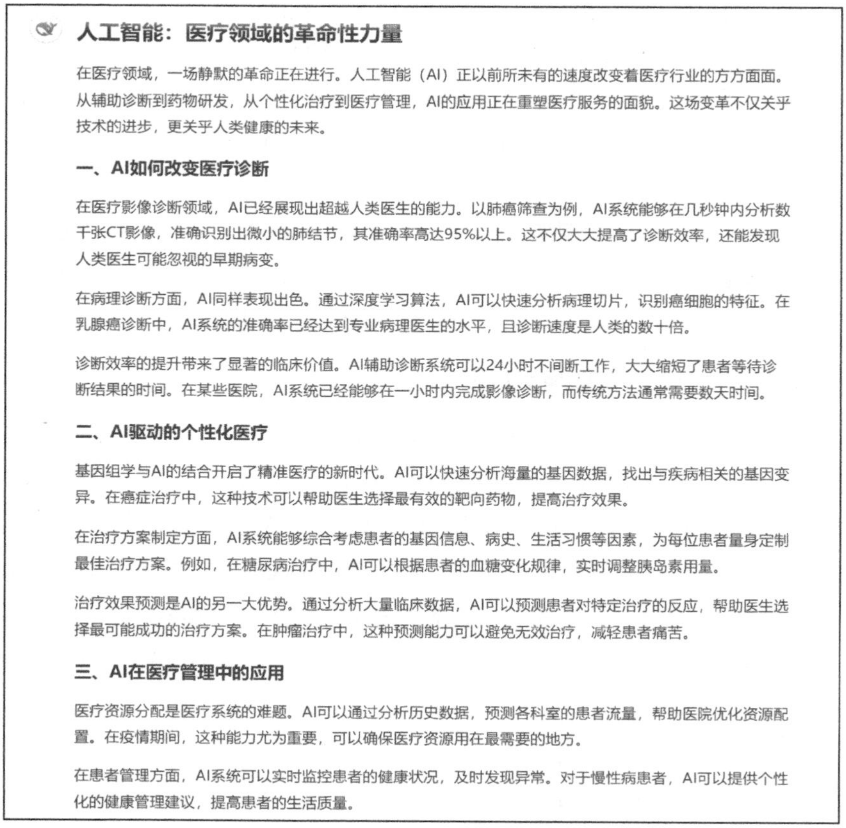

人工智能：医疗领域的革命性力量

在医疗领域，一场静默的革命正在进行。人工智能（AI）正以前所未有的速度改变着医疗行业的方方面面。从辅助诊断到药物研发，从个性化治疗到医疗管理，AI的应用正在重塑医疗服务的面貌。这场变革不仅关乎技术的进步，更关乎人类健康的未来。

一、AI如何改变医疗诊断

在医疗影像诊断领域，AI已经展现出超越人类医生的能力。以肺癌筛查为例，AI系统能够在几秒钟内分析数千张CT影像，准确识别出微小的肺结节，其准确率高达95%以上。这不仅大大提高了诊断效率，还能发现人类医生可能忽视的早期病变。

在病理诊断方面，AI同样表现出色。通过深度学习算法，AI可以快速分析病理切片，识别癌细胞的特征。在乳腺癌诊断中，AI系统的准确率已经达到专业病理医生的水平，且诊断速度是人类的数十倍。

诊断效率的提升带来了显著的临床价值。AI辅助诊断系统可以24小时不间断工作，大大缩短了患者等待诊断结果的时间。在某些医院，AI系统已经能够在一小时内完成影像诊断，而传统方法通常需要数天时间。

二、AI驱动的个性化医疗

基因组学与AI的结合开启了精准医疗的新时代。AI可以快速分析海量的基因数据，找出与疾病相关的基因变异。在癌症治疗中，这种技术可以帮助医生选择最有效的靶向药物，提高治疗效果。

在治疗方案制定方面，AI系统能够综合考虑患者的基因信息、病史、生活习惯等因素，为每位患者量身定制最佳治疗方案。例如，在糖尿病治疗中，AI可以根据患者的血糖变化规律，实时调整胰岛素用量。

治疗效果预测是AI的另一大优势。通过分析大量临床数据，AI可以预测患者对特定治疗的反应，帮助医生选择最可能成功的治疗方案。在肿瘤治疗中，这种预测能力可以避免无效治疗，减轻患者痛苦。

三、AI在医疗管理中的应用

医疗资源分配是医疗系统的难题。AI可以通过分析历史数据，预测各科室的患者流量，帮助医院优化资源配置。在疫情期间，这种能力尤为重要，可以确保医疗资源用在最需要的地方。

在患者管理方面，AI系统可以实时监控患者的健康状况，及时发现异常。对于慢性病患者，AI可以提供个性化的健康管理建议，提高患者的生活质量。

图 2-16　加入输出规范后的输出结果

下面加入更详细的输出规范。例如，"请根据《全球医疗科技产业报告 2024 版》中的数据，撰写一篇关于人工智能在癌症早期诊断中应用的文章，字数控制在 1500 字左右，语言风格通俗易懂，适合普通读者阅读，并使用 Markdown 格式输出，包含三级标题和关键数据表格"，输出结果如图 2-17 所示。DeepSeek-V3 的回答会更加聚焦、实用，且符合你的具体需求。

> ### 人工智能如何改变癌症早期诊断：从"发现即晚期"到"预防性筛查"
>
> **引言：癌症诊断的新时代**
>
> 癌症一直是威胁人类健康的主要疾病之一。传统诊断方式往往在症状明显时才能发现癌症，这时通常已到中晚期。《全球医疗科技产业报告2024版》显示，2023年全球癌症早期诊断市场规模达到287亿美元，其中AI技术贡献率超过40%。AI正在改变这一现状，让癌症诊断进入"预防性筛查"的新时代。
>
> **AI在癌症早期诊断中的三大突破**
>
> **1. 影像识别：看得更早，看得更准**
>
> AI影像识别系统能够发现人眼难以察觉的微小病变。在肺癌筛查中，AI对2毫米以下结节的识别准确率达到98.5%，远超放射科医生85%的平均水平。

癌症类型	AI识别准确率	传统方法准确率	早期发现率提升
肺癌	98.5%	85%	40%
乳腺癌	97.2%	88%	35%
肝癌	96.8%	82%	38%

> **2. 液体活检：一滴血预测癌症风险**
>
> AI液体活检技术通过分析血液中的循环肿瘤DNA，能够在症状出现前3-5年预测癌症风险。这项技术已在美国多家癌症中心投入使用。

图 2-17　加入更详细的输出规范后的输出结果

2.3　DeepSeek-R1 等推理大模型的提问技巧

DeepSeek-R1 等推理大模型从内容创作到问题解答，从数据分析到智能决策，都表现出了强大的能力。然而，要想充分发挥 R1 等推理大模型的优势，让其准确理解并满足我们的需求，精心设计合适的提示语至关重要。

有一种被称为"四要素指令法"的方法在设计高效的提示语方面效果显著。它能够帮助我们更系统、更有条理地与推理大模型进行交互，从而获得更优质的输出结果。接下来对"四要素指令法"进行详细的分段描述，帮助你更好地理解如何设计高效的提示语。

1. 要干什么——明确核心任务

DeepSeek-R1 需要明确了解你希望它完成的任务，但过多的细节可能会限制其创造力。就像你请一位大厨做菜，只需告知他"准备一道什么主菜"即可，而不是详细说明"先切菜再炒菜，火候需控制在 200℃"。因此，在让 R1 执行任务时，需使用简洁明了的语言，直接指出任务的本质，避免使用复杂的从句或过多的修饰词。如果任务包含多个步骤，可以将其概括为一个整体目标。

应用示例

　✖错误示范：

"请写一篇关于 AI 提示语技巧的文章，需要包含 RTGO 框架、案例分析、常见误区，还要有具体的操作步骤和注意事项"。这个提示语过于复杂，限制了 DeepSeek-R1 的发挥空间。

　✔正确示范：

"写一篇关于 DeepSeek 提示语技巧的小红书文案"。这个提示语简洁明了，给 DeepSeek-R1 留出了创作空间，特别适合 R1 这种推理大模型。

2. 给谁干——锁定目标人群

不同受众对内容的接受能力和需求存在明显差异。例如，针对小白用户和专业人士的文章，其语言风格、案例选择以及内容深度都会有显著不同。在描述受众时，应具体说明其身份（如职场新人、家庭主妇），并明确指出他们的需求痛点（如需要快速上手的技巧、希望轻松参与活动），避免使用过于笼统的表述（如普通人）。

应用示例

　✖错误示范：

"给普通人看"。过于模糊，DeepSeek-R1 无法有针对性地调整内容。

　✔正确示范：

"给从没接触过 AI 的小白用户看，他们需要立刻上手的实用技巧"。明确了受众特点，DeepSeek-R1 会自动调整语言难度和案例选择。

3. 目标是什么——定义成功标准

清晰的目标能够引导 DeepSeek-R1 生成更贴合需求的内容。例如，同样是撰写文案，若目标是让人收藏或让人转发，DeepSeek-R1 的侧重点将截然不同。建议使用动词+效果的形式来明确描述任务目标（如让读者感到内容充实、推动购买决策等），避免设定过多或相互矛盾的目标（如既专业又幽默）。目标应尽可能具体，避免过于空泛的表述（如让人喜欢）。通过这种方式，可以帮助 DeepSeek-R1 更好地理解你所期望达成的目标。

应用示例

❌错误示范：

既要专业又要有趣，既能传播又能带货"。这样的目标既相互冲突，又表述模糊。

✅正确示范：

"让读者在阅读后感到内容充实、实用，并立即产生收藏和尝试的冲动"。如此一来，DeepSeek-R1 将围绕这一明确的目标导向来组织内容。

4. 不要什么——设置禁忌事项

尽管 DeepSeek-R1 具备较高的智能水平，但如果没有明确的禁忌提示，它可能会生成不符合需求的内容。例如，如果你不希望文案中出现专业术语，就需要提前明确说明。可使用否定句来清晰地列出禁忌事项（如不要使用专业术语、避免套路模板），并将最关键的限制条件尽量控制在 1～3 条，避免设置过多约束。同时，禁忌应尽量具体，避免模糊表述（如不要太复杂），以帮助 DeepSeek-R1 有效避开常见禁忌。

应用示例

❌错误示范：

"不要太复杂"。仅仅提出这样的要求过于笼统，DeepSeek-R1 难以准确把握其具体含义。

✅正确示范：

"不要用 prompt、LLM 等专业术语；不要出现小红书常见套路模板；不要 AI 生成的那种机械感表达"。这样的表述直击问题核心，可有效防范常见禁忌。

基于上述为 DeepSeek-R1 等大推理大模型设计提示语的"四要素指令法"，可以按照下面的基础模板来设计提示语：

请（做什么），给（具体人群），目标是（达成什么效果），不要（列 1～3 条禁忌）

比如，让 DeepSeek-R1 撰写一则手机充电器广告语，可以这样提问，"写一句手机充电器的广告语，给经常出差忘带充电宝的商务人士，要让人联想到安全感，不要出现快充、毫安这些参数"，输出结果如图 2-18 所示。

"贴身电力守护，让每一次出发都底气十足。"

解析：

1. **"贴身"**——暗示产品便携属性，契合差旅场景，自然融入用户日常装备

2. **"电力守护"**——用拟人化手法传递可靠感，避免技术参数的同时强化安全感意象

3. **"每一次出发"**——精准锚定高频出差场景，引发商务人群共鸣

4. **"底气十足"**——双关职场人的从容状态，既暗示设备满电的工作掌控感，亦隐喻产品带来的心理保障

该文案通过场景绑定与情感嫁接，将充电器从工具升维为"差旅安全感符号"，满足商务人士对确定性需求的心理补偿。

图 2-18 R1 生成的广告语

再比如撰写一份活动策划文案，可以这样提问，"设计一个适合咖啡馆的周末促销活动，目标人群是想安静看书的年轻白领，目标是增加客流量，同时不破坏店内氛围，并且避免使用抽奖或大喇叭宣传等手段"，输出结果如图 2-19 所示。

以下是针对咖啡馆周末安静看书客群的促销方案设计，兼顾客流提升与氛围维护：

一、核心策略

以"静享时光"为主题，打造沉浸式阅读空间，通过提升附加价值吸引目标客群。

二、具体实施方案

1. **书香套餐（提升客单价）**
   - 推出"书咖伴侣套餐"：精选咖啡+手工司康/玛德琳+免费阅读灯租用（3小时）
   - 周末限定版：加赠独立包装降噪耳塞（印有品牌LOGO）

2. **时段特权（错峰引流）**
   - 早鸟计划：9:00-11:00入店赠送半小时免费续杯权益
   - 夜读时光：20:00后消费赠送次日早间咖啡8折券

3. **空间升级（增强体验）**
   - 设置"静音舱"区（需预约）：配备人体工学椅/小型书桌/绿植隔断
   - 开辟书籍漂流角：顾客可带旧书交换（每交换3本赠1张咖啡券）

4. **会员体系（增强粘性）**
   - 阅读卡：周末累计消费满5小时升级银卡，享免费预约座位特权
   - 专属福利：每月最后一个周末凭电子书购买记录可兑换特调饮品

5. **跨界合作（精准获客）**
   - 与周边书店联合：凭当日购书小票享咖啡买一赠一
   - 电子书平台合作：展示阅读时长截图赠手工书签

三、氛围维护措施

- 设置智能提示器：当分贝超过55自动闪烁提醒

图 2-19 R1 生成的咖啡馆周末促销活动文案

通过清晰设计上述 4 个要素，可以让 DeepSeek-R1 在明确的边界内自由发挥，生成既满足需求又富有创意的内容。请记住，DeepSeek-R1 模型的核心优势在于其强大的推理与创造能力，而你的任务是为其指引方向和设定边界，而不是事无巨细地指导它如何完成任务。

2.4　高级技巧：解锁隐藏功能

你是否还在把 DeepSeek 当作普通问答机器人？当其他用户还在使用"单回合问答"模式时，那些掌握了其隐藏功能的用户早已开启了"高级智能"模式。要知道，它能够精准记住三天前的对话细节，能自动解析文件中的财务数据，还能联网检索最新的知识。

接下来我们将解锁这些功能，彻底提升你的工作效率。

2.4.1　多轮持续对话

DeepSeek 具备上下文记忆能力，通过特殊标记系统实现连续对话追踪。这种能力使得用户可以在多轮对话中保持信息的连贯性，而无须重复输入关键信息。

我们可以在 DeepSeek 中使用称为"上下文锚点"的办法。例如，用户可以在对话开始时标记【项目代号 A】，并在后续对话中随时调用这一信息。例如，向 DeepSeek-R1 输入"【项目代号 A】请为公司生产的防晒霜设计一套推广策略，目标群体为年轻人，尤其是热爱户外运动的年轻人。推广预算为 50 万元，目标销售额为 500 万元。请避免使用抽奖、大折扣等传统促销手段"。DeepSeek 会根据这一提示语生成如图 2-20 所示的推广策略。

一段时间后，用户再次输入"基于【项目代号 A】的预算分配，追加抖音渠道的 ROI 测算"，DeepSeek 将自动调用之前的预算数据，并生成抖音渠道的 ROI 测算结果，如图 2-21 所示。

这就是 DeepSeek 中的"多轮持续对话"功能。

除了使用"上下文锚点"方法之外，还可以使用"如前所述……"等语句触发 DeepSeek 的记忆功能，使其自动检索之前的对话内容。若需调取跨度较长的对话内容，可以使用类似"继续我们上周三讨论的营销方案……"的表达方式，DeepSeek 能够根据时间线索自动关联并调取相关的对话内容。

针对【项目代号A】防晒霜推广需求，结合年轻户外运动群体的行为特征和预算限制，现提出以下创新推广策略框架：

一、核心策略定位
"科技赋能自然防护" —— 强调「实验室级防晒技术」与「自然友好配方」双核驱动，打造"户外运动专业守护者"品牌形象。

二、分阶段执行方案

1. 预热阶段：概念植入（预算10万）

- 技术可视化营销
 ① 研发"紫外线显影实验套装"（成本控制在8元/套）
 ② 联合20家攀岩馆/冲浪俱乐部开展「看见阳光伤害」体验活动
 ③ 用户拍摄实验过程视频可兑换正装产品（首批投放5000套）
- 专业背书建设
 ① 赞助3场省级山地马拉松赛事医疗保障团队
 ② 出具运动防护实验室的8小时抗摩擦测试报告

2. 爆发阶段：场景渗透（预算30万）

- 内容共创计划
 ① 签约15位垂直领域KOC（户外运动达人+皮肤科医生组合）
 ② 开发「72小时极限实测」系列内容（沙漠徒步/海岛冲浪等场景）
 ③ 搭建AR虚拟防晒指数测试小程序
- 场景化渠道布局
 ① 与运动装备品牌推出联名款「防晒急救包」（含10ml便携装）

图 2-20　防晒霜推广策略

基于【项目代号A】的预算分配，现追加抖音渠道的ROI测算方案如下：

一、抖音渠道专项预算分配（总预算50万中划拨20万）

模块	费用占比	金额	关键用途
信息流广告	40%	8万	精准定向投放（户外运动兴趣人群）
KOL合作	35%	7万	签约5-8位垂类达人（粉丝50-200万）
品牌挑战赛	15%	3万	话题运营+流量扶持
直播带货	10%	2万	自播团队搭建+样品投放

二、ROI测算模型

1. 流量获取预估

- 信息流广告：CPM按30元计，预计触达267万次
- KOL内容：单条视频平均播放量50万，预计总播放量300万+
- 挑战赛：目标参与视频1000+，预计曝光500万+
- 直播：场均观看1万+，预计总曝光20万+

2. 转化路径设计
 广告/内容曝光 → 小程序跳转 → 会员注册 → 首单转化

3. 关键转化率假设

- 广告点击率：1.2%
- 内容互动率：3%

图 2-21　抖音渠道的 ROI 测算

2.4.2 联网搜索

DeepSeek 的一大亮点在于其联网搜索功能。在本书写作期间，DeepSeek 的预训练数据已更新至 2024 年 7 月，这意味着它已经掌握了该时间点之前的知识。然而，对于 2024 年 7 月之后发生的新闻或技术动态，它并不了解，因此联网搜索功能显得尤为重要。

例如，向 DeepSeek-R1 提问"请写出你对央视春晚《秧 BOT》的评价"，并启用"联网搜索"功能。DeepSeek-R1 首先检索了 47 个网页，在阅读相关内容后，再给出如图 2-22 所示的答案。

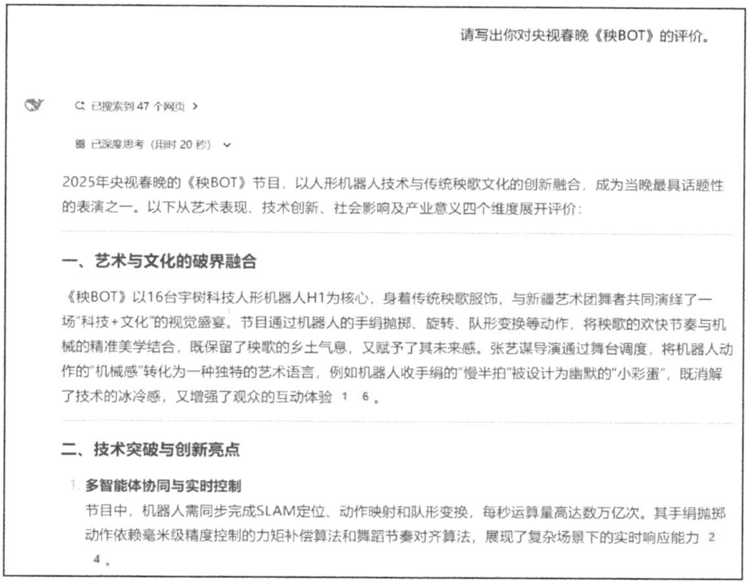

图 2-22 "联网搜索"功能的使用

2.4.3 文件解析

除了"联网搜索"功能外，DeepSeek 还提供了"上传附件"功能，这相当于为 DeepSeek 增添了一个专属的私人知识库。通过该功能，DeepSeek 能够阅读你上传的内容，然后进行有针对性的回答。

目前，DeepSeek 的"上传附件"功能支持一次性上传最多 50 个文件，每个文件的容量最大为 100MB，可以是文档和图片。需要注意的是，如果上传的是图片，DeepSeek 只能识别其中的文字内容。

下面体验一下 DeepSeek 的"上传附件"功能。首先单击"上传附件"按钮，上传一份《摩根士丹利报告》，然后在 DeepSeek 中输入"阅读这篇材料，写出 DeepSeek 对于科技和更广义经济的含义是什么？言简意赅。500 字"，输出结果如图 2-23 所示。

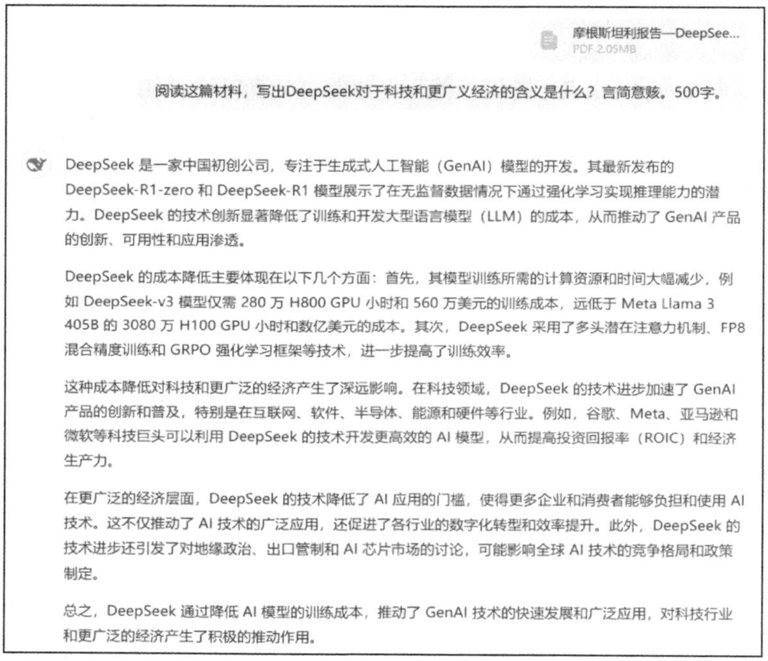

摩根斯坦利报告—DeepSee…
PDF 2.05MB

阅读这篇材料，写出DeepSeek对于科技和更广义经济的含义是什么？言简意赅。500字。

DeepSeek 是一家中国初创公司，专注于生成式人工智能（GenAI）模型的开发。其最新发布的 DeepSeek-R1-zero 和 DeepSeek-R1 模型展示了在无监督数据情况下通过强化学习实现推理能力的潜力。DeepSeek 的技术创新显著降低了训练和开发大型语言模型（LLM）的成本，从而推动了 GenAI 产品的创新、可用性和应用渗透。

DeepSeek 的成本降低主要体现在以下几个方面：首先，其模型训练所需的计算资源和时间大幅减少，例如 DeepSeek-v3 模型仅需 280 万 H800 GPU 小时和 560 万美元的训练成本，远低于 Meta Llama 3 405B 的 3080 万 H100 GPU 小时和数亿美元的成本。其次，DeepSeek 采用了多头潜在注意力机制、FP8 混合精度训练和 GRPO 强化学习框架等技术，进一步提高了训练效率。

这种成本降低对科技和更广泛的经济产生了深远影响。在科技领域，DeepSeek 的技术进步加速了 GenAI 产品的创新和普及，特别是在互联网、软件、半导体、能源和硬件等行业。例如，谷歌、Meta、亚马逊和微软等科技巨头可以利用 DeepSeek 的技术开发更高效的 AI 模型，从而提高投资回报率（ROIC）和经济生产力。

在更广泛的经济层面，DeepSeek 的技术降低了 AI 应用的门槛，使得更多企业和消费者能够负担和使用 AI 技术。这不仅推动了 AI 技术的广泛应用，还促进了各行业的数字化转型和效率提升。此外，DeepSeek 的技术进步还引发了对地缘政治、出口管制和 AI 芯片市场的讨论，可能影响全球 AI 技术的竞争格局和政策制定。

总之，DeepSeek 通过降低 AI 模型的训练成本，推动了 GenAI 技术的快速发展和广泛应用，对科技行业和更广泛的经济产生了积极的推动作用。

图 2-23 "上传附件"功能的使用

第3章

DeepSeek：让你秒变职场超人

本章将深入探讨 DeepSeek 在职场中的多样化应用，助你成为职场达人。

DeepSeek 可以作为你的私人助理，无论是快速检索信息，还是进行翻译、撰写营销文案、起草电子邮件，甚至拍照解答问题，都能轻松胜任。在公文写作方面，DeepSeek 可以快速生成会议通知、工作汇报、会议纪要等文档。在知识推理方面，它能够进行逻辑问题解答和因果分析。

此外，DeepSeek 还能与其他软件无缝协作，例如与 Xmind 结合制作思维导图，与 XML 结合生成 SVG 格式的矢量图，以及结合 Mermaid 快速创建流程图。

接下来，我们将深入探索这些实用功能，帮助你充分释放 DeepSeek 在职场中的潜力。

3.1 DeepSeek 成为你的私人助理

DeepSeek 不仅能替代搜索引擎，产出你想要的内容，还能作为精准的翻译工具，轻松突破语言障碍。无论是撰写营销文案还是商务邮件，DeepSeek 都能根据你的需求生成高质量的内容。更神奇的是，它还能凭借拍照识别功能，精准解析、解答各类难题，为你的学习和工作提供及时帮助。

3.1.1 把 DeepSeek 当作新的搜索引擎

传统的搜索引擎，如 Google 和百度，本质上是"信息搬运工"。它们通过关键词匹配，从海量的数据库中抓取相关的网页链接，并以列表形式呈现给用户。用户需要逐一打开网页，自行筛选所需信息。这一过程不仅耗时费力，还常常受到广告干扰，难以辨别内容的真伪。而且，针对模糊或复杂的问题，传统的搜索引擎难以提供直接的答案。

DeepSeek 这类生成式 AI 则扮演"知识创作者"的角色，它基于对海量数据的深度学习，能够较好地理解用户意图，并主动整合知识体系，较为迅速地生成逻辑通顺、结构完整且具有较高原创性的内容。无论是解答专业问题、撰写创意文案，还是分析复杂数据，它都能像人类专家一样，生成定制化的结果。

这种生成式 AI 不仅节省了信息筛选的时间成本，更突破了传统搜索"有什么给什么"的局限，实现了"需要什么创造什么"的质的飞跃。

例如，我很久之前读过一本书，但现在只模糊地记得某个信息片段，这时可以直接将其输入到 DeepSeek 中："我记得一本书，它深入探讨了如何培养良好的习惯，从内向外全面提升自我，并详细阐述了各项执行原则。请问这本书的作者是谁？书名又是什么？"由于 DeepSeek 已经掌握了这些知识，因此它会直接给出答案，如图 3-1 所示。

> 您提到的这本书可能是《高效能人士的七个习惯》（*The 7 Habits of Highly Effective People*），作者是史蒂芬·柯维（Stephen R. Covey）。这本书自1989年出版以来，已成为全球畅销书，被广泛认为是个人成长和领导力发展的经典之作。
>
> 书中，柯维提出了七个习惯，旨在帮助读者从依赖到独立，再到互赖，逐步提升自我效能。这七个习惯分别是：
>
> 1. **积极主动**（Be Proactive）：掌控自己的生活，主动承担责任。
> 2. **以终为始**（Begin with the End in Mind）：明确目标，规划人生方向。
> 3. **要事第一**（Put First Things First）：优先处理重要事务，避免被琐事牵绊。
> 4. **双赢思维**（Think Win-Win）：寻求互利共赢的解决方案。
> 5. **知彼解己**（Seek First to Understand, Then to Be Understood）：先倾听他人，再表达自己。
> 6. **统合综效**（Synergize）：通过合作创造更大的价值。
> 7. **不断更新**（Sharpen the Saw）：持续提升自我，保持身心平衡。
>
> 这些习惯不仅适用于个人生活，也适用于职业发展和领导力提升。柯维通过深入的分析和实用的建议，帮助读者从内而外实现自我提升，培养良好的习惯，从而在生活和工作中取得更大的成功。

图 3-1 把 DeepSeek 当作新的搜索引擎

你还可以运用"多轮持续对话"功能，通过进一步追问获取所需信息。例如，"请写出《高效能人士的七个习惯》这本书的核心内容"，输出内容可能如图 3-2 所示。

> 《高效能人士的七个习惯》（*The 7 Habits of Highly Effective People*）的核心内容围绕七个习惯展开，这些习惯旨在帮助个人从依赖到独立，再到互赖，逐步实现自我提升和高效能的生活。以下是每个习惯的详细说明：
>
> 1. **积极主动（Be Proactive）**：
>   - **核心思想**：积极主动的人能够掌控自己的生活，他们意识到自己有选择如何回应外部刺激的自由。
>   - **实践方法**：专注于自己能够控制和影响的事情，而不是抱怨无法改变的环境或他人。
> 2. **以终为始（Begin with the End in Mind）**：
>   - **核心思想**：明确自己的目标和价值观，确保所有的行动都朝着这些目标前进。
>   - **实践方法**：制定个人使命宣言，明确自己想要成为什么样的人，以及想要实现的目标。
> 3. **要事第一（Put First Things First）**：
>   - **核心思想**：优先处理重要但不紧急的事务，避免被琐事牵绊。
>   - **实践方法**：使用时间管理矩阵，区分重要和紧急的任务，确保时间和精力集中在高价值活动上。
> 4. **双赢思维（Think Win-Win）**：
>   - **核心思想**：寻求互利共赢的解决方案，而不是零和博弈。
>   - **实践方法**：在人际交往和合作中，考虑双方的利益，寻找共同受益的途径。
> 5. **知彼解己（Seek First to Understand, Then to Be Understood）**：
>   - **核心思想**：先倾听他人，理解对方的观点和感受，然后再表达自己的意见。
>   - **实践方法**：运用同理心倾听，避免急于评判或给出建议。
> 6. **统合综效（Synergize）**：
>   - **核心思想**：通过合作和团队协作，创造比单独行动更大的价值。
>   - **实践方法**：尊重和利用团队成员的多样性，激发创新和协同效应。
> 7. **不断更新（Sharpen the Saw）**：
>   - **核心思想**：持续提升自我，保持身心平衡，确保长期高效能。
>   - **实践方法**：定期进行身体、情感、心智和精神的更新活动，如锻炼、学习、反思和冥想。

图 3-2 通过"多轮持续对话"获取所需信息

3.1.2 把 DeepSeek 当作功能强大的翻译软件

如果你的英文水平较弱，在阅读英文文献时感到吃力，难以顺畅地理解其中的内容，那么 DeepSeek 可以成为你的得力翻译助手。它能够提供高效且准确的中英文互译服务，帮助你跨越语言障碍，轻松阅读和理解各种英文资料。

例如，我需要翻译一篇名为 *DeepSeek-R1: Incentivizing Reasoning Capability in LLMs via Reinforcement Learning* 的英文文件。由于期望 DeepSeek 按照特定的规则进行翻译，同时避免它在翻译过程中出现过多的创意发挥，所以建议使用 DeepSeek-V3 大模型。

首先，需要使用"上传附件"功能上传该文件。接着，输入相应的提示语："您是一位中英文翻译领域的专家，拥有丰富的阅读中英文论文文献的经验。请将我所发送的文件翻译成中文，确保内容通俗易懂，同时完整保留原文的核心观点。"DeepSeek 的最终输出结果如图 3-3 所示。

不仅可以翻译英文，DeepSeek 还能支持日语、韩语以及其他多种语言之间的互译。例如，若要将上述内容的"摘要"部分翻译成日文，可以输入提示语："请将'摘要'部分使用日文输出，仅‘摘要’部分。”随后，DeepSeek 将输出翻译后的日文，如图 3-4 所示。

DeepSeek-R1 Incentivizin...
PDF 1.27MB

您是一位中英文翻译领域的专家，拥有丰富的阅读中英文论文文献的经验。请将我所发送的文件翻译成中文，确保内容通俗易懂，同时完整保留原文的核心观点。

DeepSeek-R1：通过强化学习激励大语言模型的推理能力

DeepSeek-AI

research@deepseek.com

摘要

我们介绍了第一代推理模型 **DeepSeek-R1-Zero** 和 **DeepSeek-R1**。**DeepSeek-R1-Zero** 是一个通过大规模强化学习（RL）训练而成的模型，没有使用监督微调（SFT）作为初步步骤，展示了卓越的推理能力。通过强化学习，**DeepSeek-R1-Zero** 自然涌现出许多强大且有趣的推理行为。然而，它也面临一些挑战，如可读性差和语言混合问题。为了解决这些问题并进一步提升推理性能，我们引入了 **DeepSeek-R1**，它在强化学习之前加入了多阶段训练和冷启动数据。**DeepSeek-R1** 在推理任务上的表现与 OpenAI 的 **o1-1217** 相当。为了支持研究社区，我们开源了 **DeepSeek-R1-Zero**、**DeepSeek-R1** 以及基于 Qwen 和 Llama 的六个密集模型（1.5B、7B、8B、14B、32B、70B）。

1. 引言

近年来，大语言模型（LLMs）经历了快速的迭代和进化（Anthropic, 2024; Google, 2024; OpenAI），逐步缩小了与人工通用智能（AGI）的差距。最近，后训练已成为完整训练流程中的重要组成部分。它被证明可以提高推理任务的准确性、与社会价值观对齐并适应用户偏好，同时相对于预训练所需的计算资源较少。在推理能力方面，OpenAI 的 **o1** 系列模型首次引入了推理时扩展，通过增加思维链（Chain-of-Thought, CoT）推理过程的长度，显著提升了数学、编码和科学推理等任务的表现。然而，有效的测试时扩展仍然是研究社区面临的一个开放性问题。

图 3-3 使用 DeepSeek 翻译英文

请将“摘要”部分使用日文输出。仅“摘要”部分。

‹ 2 / 2 ›

要約

私たちは、第一世代の推論モデルである **DeepSeek-R1-Zero** と **DeepSeek-R1** を紹介します。**DeepSeek-R1-Zero** は、大規模な強化学習（RL）を通じて訓練されたモデルで、教師あり微調整（SFT）を事前ステップとして使用せずに、卓越した推論能力を示しています。強化学習を通じて、**DeepSeek-R1-Zero** は多くの強力で興味深い推論行動を自然に発展させます。しかし、可読性の低さや言語の混在といった課題にも直面しています。これらの問題を解決し、推論性能をさらに向上させるために、**DeepSeek-R1** を導入しました。これは、RLの前に多段階のトレーニングとコールドスタートデータを取り入れています。**DeepSeek-R1** は、推論タスクにおいて OpenAI の **o1-1217** に匹敵する性能を達成しています。研究コミュニティを支援するため、**DeepSeek-R1-Zero**、**DeepSeek-R1**、および Qwen と Llama に基づく6つの高密度モデル（1.5B、7B、8B、14B、32B、70B）をオープンソースとして公開しています。

图 3-4 使用 DeepSeek 将中文翻译为日文

3.1.3 使用 DeepSeek 进行营销文案创作

在这个商业格局不断更迭、发展一日千里的时代，如果想要为公司的产品设计一条让人眼前一亮的广告语，传统的做法可能就是把团队成员召集起来，开展一系列的"头脑风暴"活动，以此来激发创意和灵感。然而，现在有了人工智能技术的加持，你就能事半功倍地完美搞定这项任务。你只需要提供一个简单的提示语，告诉 DeepSeek 你的要求，然后 DeepSeek 就可以迅速输出一系列创意十足的广告文案。

例如，在为公司的防晒霜产品构思广告语时，鉴于创意的重要性，建议采用 DeepSeek-R1 推理大模型，并依据"四要素指令法"提示语写作技巧，输入相应的提示语：

> 您是一位营销领域的文案专家，精通于依据顾客需求打造富有创意且引人入胜的广告语。本公司精心研发了一款防晒霜，其具备"有效防止晒伤、避免肤色变黑、预防光老化，以及妆前轻盈透亮的肤感"等显著特点。请为我公司的防晒霜产品创作广告语，旨在吸引 20 至 30 岁女性顾客群体的兴趣，并在她们心中留下深刻印象。广告语应简洁明了，易于朗读，便于理解和记忆，且需押韵，避免陈词滥调、过度书面化。请直接输出 5 条广告语，无须额外解释。

执行完成后，DeepSeek-R1 的输出结果如图 3-5 所示。可以看到，DeepSeek-R1 依据产品的特点、目标客户等因素展开了一系列"深度思考"，随后生成了 5 条创意广告语。

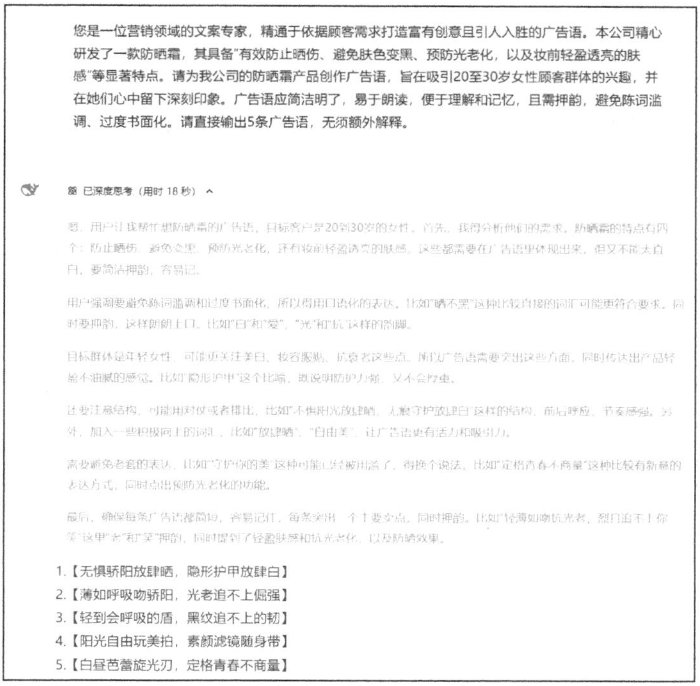

图 3-5　DeepSeek-R1 生成的广告语

假如我想以【阳光自由玩美拍，素颜滤镜随身带】为主题，撰写一篇微信公众号的推广文案，则可以继续向 DeepSeek-R1 追问："您是一位营销领域的文案专家，请以【阳光自由玩美拍，素颜滤镜随身带】主题，为新品防晒霜创作一篇微信公众号推广文案。采用轻松愉悦的写作风格，以吸引 20 至 30 岁女性用户的关注，并助力销量的增长。"经过"深度思考"，DeepSeek-R1 呈现了如图 3-6 所示的结果。

图 3-6 DeepSeek-R1 生成的推广文案

3.1.4 使用 DeepSeek 撰写邮件

DeepSeek 不仅能协助你撰写日常工作中的邮件，还能在你事务繁忙抽不出身时，替你精准回复邮件。无论是表达感谢、致歉、发出邀请，还是进行推广，DeepSeek 都能游刃有余地应对。

例如，我打算为我的新书策划一场发布会，并准备相应的邀请邮件，我可输入以下提示词：

> 假如你是一名图书销售经理，现在需要给王总写一封关于"DeepSeek 新书发布会"的邮件。邮件正文应包含客户姓名以及活动的安排概要，具体包括：活动日期定于"4 月 30 日"，地点在"武汉某某酒店"，并提供"现场签名，买书即赠送免费配套课程视频"等信息。请以热情洋溢的语气撰写，以吸引客户，同时确保内容简洁明了。

DeepSeek-R1 的回应将如图 3-7 所示。

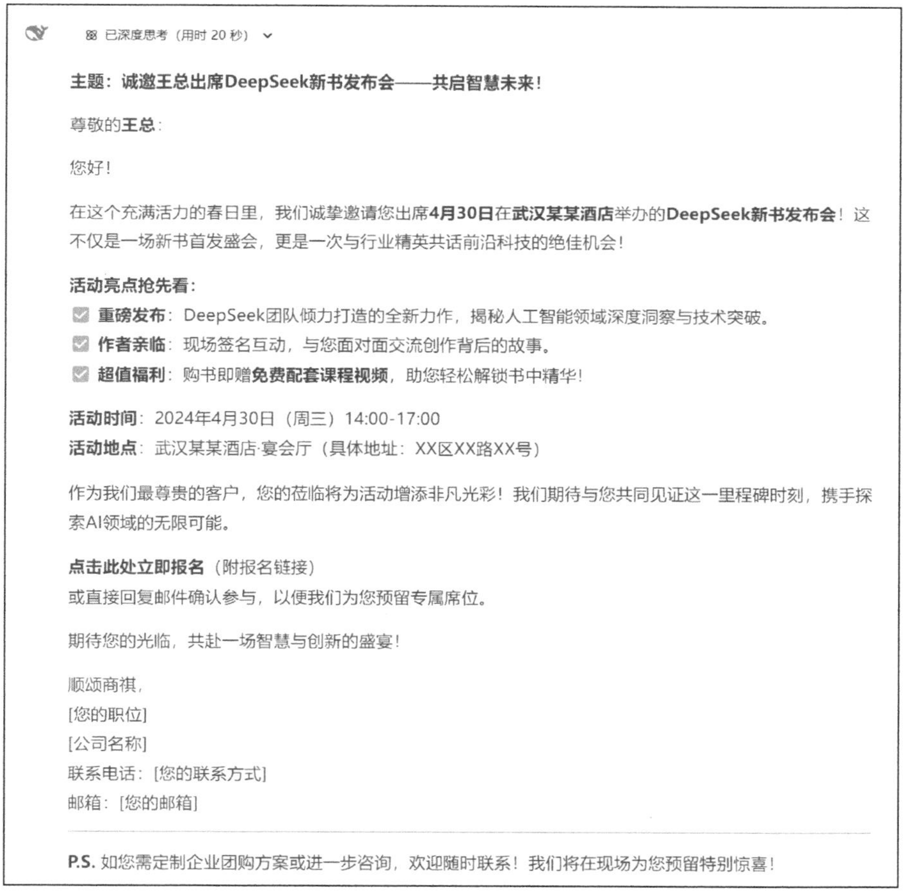

主题：诚邀王总出席DeepSeek新书发布会——共启智慧未来！

尊敬的**王总**：

您好！

在这个充满活力的春日里，我们诚挚邀请您出席**4月30日**在**武汉某某酒店**举办的**DeepSeek新书发布会**！这不仅是一场新书首发盛会，更是一次与行业精英共话前沿科技的绝佳机会！

活动亮点抢先看：
- ☑ **重磅发布**：DeepSeek团队倾力打造的全新力作，揭秘人工智能领域深度洞察与技术突破。
- ☑ **作者亲临**：现场签名互动，与您面对面交流创作背后的故事。
- ☑ **超值福利**：购书即赠**免费配套课程视频**，助您轻松解锁书中精华！

活动时间：2024年4月30日（周三）14:00-17:00
活动地点：武汉某某酒店·宴会厅（具体地址：XX区XX路XX号）

作为我们最尊贵的客户，您的莅临将为活动增添非凡光彩！我们期待与您共同见证这一里程碑时刻，携手探索AI领域的无限可能。

点击此处立即报名（附报名链接）
或直接回复邮件确认参与，以便我们为您预留专属席位。

期待您的光临，共赴一场智慧与创新的盛宴！

顺颂商祺，
[您的职位]
[公司名称]
联系电话：[您的联系方式]
邮箱：[您的邮箱]

P.S. 如您需定制企业团购方案或进一步咨询，欢迎随时联系！我们将在现场为您预留特别惊喜！

图 3-7　撰写邮件

如果希望 DeepSeek 替你回复邮件，可以先复制邮件内容，然后清晰地说明你的具体要求与想法，以便 DeepSeek 能生成合适的邮件回复内容。

3.1.5 使用 DeepSeek 拍照解答题目

在学习过程中遇到难以解决的题目时，你可以简单地使用手机将题目拍摄下来，通过"上传附件"功能发送给 DeepSeek-R1，利用其强大的推理功能对题目进行剖析。DeepSeek-R1 不仅会给出最终的正确答案，还会提供详细的解题步骤和思路分析，如图 3-8 所示。

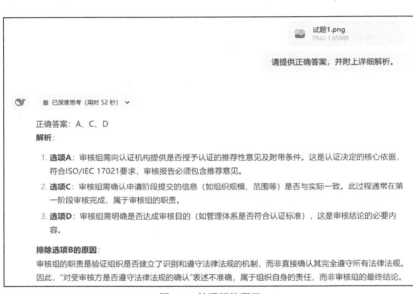

图 3-8　拍照解答题目

3.2　使用 DeepSeek-V3 进行公文写作

在数字化办公日益成为主流的当下，公文写作的效率和质量显得尤为关键。本节将深入剖析公文写作的核心要素，并具体指导如何运用 DeepSeek-V3 来撰写会议通知、工作汇报、会议纪要等关键文书，为职场中的公文写作提供全面的辅助。

3.2.1　使用 DeepSeek-V3 写作公文的要点

公文写作是机关、团体、企事业单位等在处理公务活动中形成的一种具有特定格式和规范要求的文书写作。公文写作具有规范性、实用性、真实性、简洁性等特点。下面分别来看一下。

1. 规范性

规范性是公文的重要属性，它贯穿于公文的各个方面，对公文的格式和语言都有着严格的要求。正是这些严格的规范，确保了公文能够准确传达信息，发挥其应有的作用。具体而言，主要体现在以下两个关键方面。

- **格式规范**：公文具有严格的格式要求，这是其区别于其他文体的重要特征。例如，一份标准的党政机关公文通常包括版头、主体、版记三部分。版头部分包含份号、密级和保密期限、紧急程度、发文机关标志、发文字号、签发人等要素，这些要素都有固定的位置和格式要求。主体部分包括标题、主送机关、正文、附件说明、发文机关署名、成文日期、印章、附注、附件等，每个部分的格式也有明确规定。版记部分包括抄送机关、印发机关和印发日期等，也有相应的格式规范。
- **语言规范**：公文语言要求准确、简洁、庄重、得体，遵循语法规则和语言习惯，且用词要准确，避免使用模糊不清、模棱两可的词汇。例如，在表述数据时，要准确使用"约""左右"等词汇来表示概数，不能随意夸大或缩小数据。句子结构要简洁明了，避免使用复杂的长句，尽量使用短句和主动句，使读者能够快速理解公文的内容。同时，公文语言要庄重严肃，多使用书面语，避免使用口语、俚语和幽默夸张的表达，以体现公文的严肃性和权威性。

2. 实用性

实用性是公文的关键特性之一，它贯穿于公文从撰写到应用的全过程。公文的实用性集中体现在目的和内容两个重要方面，目的的明确性指引着公文的方向，而内容的实用性则决定了公文的价值。

- **目的明确**：公文是为处理公务而写的，其目的非常明确。每一种公文都有其特定的用途和目的，如通知用于传达事项、部署工作；请示用于向上级机关请求指示或批准；报告用于向上级机关汇报工作、反映情况；批复用于答复下级机关的请示事项等。例如，一份关于举办培训班的通知，其目的就是告知相关人员培训的时间、地点、内容、参加人员等具体信息，以便他们做好准备并按时参加。

■ **内容实用**：公文的内容紧密围绕实际工作展开，具有很强的实用性。它所涉及的事项都是机关、团体、企事业单位等在工作中需要解决的实际问题，如工作安排、政策解读、经验交流、问题反馈等。例如，一份关于企业生产安全检查的报告，会详细记录检查的时间、地点、检查人员、发现的安全隐患、整改措施等内容，这些内容对于企业加强安全生产管理具有实际的指导意义。

3. 真实性

公文的内容必须真实可靠，这是公文的生命所在。公文所体现的数据、反映的情况和问题等都必须是客观存在的，不能虚构、夸大或隐瞒。例如，在一份关于经济运行情况的报告中，所引用的数据必须是经过统计部门核实的真实数据，不能随意篡改或编造。

4. 简洁性

简洁性同样是公文不容忽视的重要特性。它对于提升公文的传达效率、确保信息准确传递起着关键作用。公文的简洁性主要体现在篇幅和表达两个层面。

■ **篇幅简短**：公文一般篇幅较短，注重简洁明了地表达核心内容。这也决定了作者在写作公文时要抓住重点，删除不必要的内容，避免冗长和烦琐。

■ **表达简洁**：公文的语言表达要求简洁明了，避免使用复杂的句式和华丽的辞藻。在写作公文时，尽量使用短句和主动句，使句子结构简单清晰，易于理解。例如，将"对于这个问题，我们必须要想尽一切办法去解决它"简化为"应尽快解决此问题"，既简洁又明了。

在了解了常规公文写作的特点之后，若想在使用 DeepSeek 编写公文时获得更符合需求且更高质量的内容，则清晰、详细的指示是引导 DeepSeek 生成满意公文的关键。以下技巧将大有帮助。

■ **建议选择 DeepSeek-V3 模型**：由于公文写作具有严格的格式规范，且要求内容真实可靠，属于规范性任务，因此应选用非推理型大模型 DeepSeek-V3。

■ **描述公文类型和目的**：明确告知 DeepSeek 所需公文的类型（如通知、报告、请示等）以及写作目的。这有助于 DeepSeek 理解你的核心需求，从而生成契合要求的内容。例如，可以这样描述："请帮我撰写一份请示，目的是申请公司批准采购一批新的办公设备。"

- **提供关键信息和数据**：为确保公文内容准确、完整，需向 DeepSeek 提供关键信息和数据，如日期、时间、地点、涉及人员、具体数字等。例如："在编写市场分析报告时，请包含 2024 年上半年市场占有率、销售额、主要竞争对手及其市场份额等关键数据。"
- **设定适当的格式和结构**：若对公文有特定的格式和结构要求，务必在提示语中明确说明，这将使生成的公文更符合规范，便于阅读和理解。例如："请按照以下结构编写项目策划书：项目背景、目标、实施步骤、预算、预期效果及风险评估。"
- **指定风格和语气**：不同公文需要不同的风格和语气。在提示语中明确你期望的写作风格（如正式、简洁、详细等）和语气（如严肃、友好、客观等）。例如："请使用正式、简洁的写作风格和客观的语气编写这份财务报告。"
- **请求多个版本或修改建议**：如果你希望看到不同版本的公文或对现有内容提出修改建议，可以在提示语中明确提出。例如："请为这份会议纪要生成两个不同的版本，一份详细记录会议讨论过程，另一份提炼会议的主要决议和行动要点。"

3.2.2　使用 DeepSeek-V3 编写通知

根据前文介绍的 DeepSeek 公文写作技巧，在编写提示语时，应该包含明确的公文类型（如活动通知）、目的、关键信息（如活动时间、活动地点、活动内容、奖品设置、报名方式等）、写作风格、语气以及格式和结构要求。

在具体应用中，为了使用 DeepSeek-V3 模型，需要确保未激活"深度思考（R1）"功能。以下是一个提问示例：

请撰写一则活动通知，主题为"DeepSeek 新书发布会"，目的是邀请合作伙伴及书友参与。以下是活动的关键信息：

时间：4 月 30 日（9:00—18:00）

地点：公司多媒体教室

活动内容：

1. 书籍详细介绍；

2. 作者案例分享。

奖品设置：

1. 免费的图书；

2. 免费的配套课程视频。

报名方式：请发送邮件至 XXXXXXX@qq.com，邮件主题请注明"新书发布会报名申请"，并在邮件正文中提供以下信息：

1. 姓名；

2. 联系方式（手机号码/微信号）；

3. 公司/学校；

4. 职业/专业。

请采用正式且庄重的语气，并按照以下结构进行撰写：标题、活动时间与地点、活动内容、奖品设置、报名方式以及结束语。

由于遵循了严格的规范性要求，DeepSeek-V3 能够生成如图 3-9 所示的高质量回答。

> **DeepSeek新书发布会邀请函**
>
> 尊敬的合作伙伴及书友：
>
> 我们诚挚地邀请您参加即将举行的DeepSeek新书发布会。此次活动不仅是对我们最新出版作品的展示，更是一次与广大读者和合作伙伴深入交流的宝贵机会。
>
> **活动时间与地点：**
>
> - 时间：4月30日（9:00—18:00）
> - 地点：公司多媒体教室
>
> **活动内容：**
>
> 1. **书籍详细介绍**：我们将全面介绍新书的内容、创作背景及其在行业中的独特价值。
> 2. **作者案例分享**：作者将亲自分享创作过程中的心得体会及实际应用案例，带您深入了解书籍背后的故事。
>
> **奖品设置：**
>
> - **免费的图书**：参与者将有机会获得我们新出版的图书。
> - **免费的配套课程视频**：我们还准备了与书籍配套的课程视频，供获奖者深入学习。
>
> **报名方式：**
>
> 请有意参加的朋友发送邮件至XXXXXXX@qq.com，邮件主题请注明"新书发布会报名申请"，并在邮件正文中提供以下信息：
>
> 1. 姓名；
> 2. 联系方式（手机号码/微信号）；
> 3. 公司/学校；
> 4. 职业/专业。
>
> **结束语：**
>
> 我们期待您的光临，共同见证DeepSeek新书的诞生，并一起探讨知识的无限可能。请您尽快报名，以便我们做好相应的接待准备。如有任何疑问，欢迎随时与我们联系。

图 3-9　DeepSeek-V3 生成的活动通知

如果你对某些段落的内容不满意，可以采用"多轮持续对话"的方法，进行不断追问和修订，直至达到满意的效果。

3.2.3　使用 DeepSeek-V3 编写工作汇报

在职场中，无论是向领导汇报工作进展，还是与同事交流业务的最新动态，工作汇报的撰写都是一项必不可少的技能。一份出色的工作汇报能够清晰传达工作进展，展示取得的成绩，剖析面临的问题，并阐明未来的工作计划和方向。下面将以一个具体案例来展示如何运用 DeepSeek-V3 撰写工作汇报。

首先，需要详细撰写工作汇报的草稿，内容应涵盖已完成的工作、取得的成绩、存在的不足以及未来的展望等。然后，通过"上传附件"功能将草稿提交给 DeepSeek，并输入相应的提示语：

> 你是一位公司员工，现在你需要为经理汇报工作情况，认真阅读文档内容，写一份详细的工作报告，主题是"2024 年工作汇报"，请使用客观且专业的写作风格，内容不少于 3000 字，并按照以下结构进行编写：
>
> 一、工作概述
>
> 二、主要工作内容及完成情况
>
> 1. 任务 1：（包括内容描述、完成情况）
>
> 2. 任务 2：（包括内容描述、完成情况）
>
> 3. ……
>
> 三、问题与挑战
>
> 1. 问题 1：
>
> 2. 应对措施：
>
> 四、成绩与亮点
>
> 五、2025 年工作计划
>
> 1. 短期目标：
>
> 2. 长期目标：
>
> 3. 资源要求：
>
> 六、总结与期望

由于提示语清晰列出了工作汇报的目的、结构以及写作风格等具体要求，

DeepSeek-V3 的回复如图 3-10 所示。

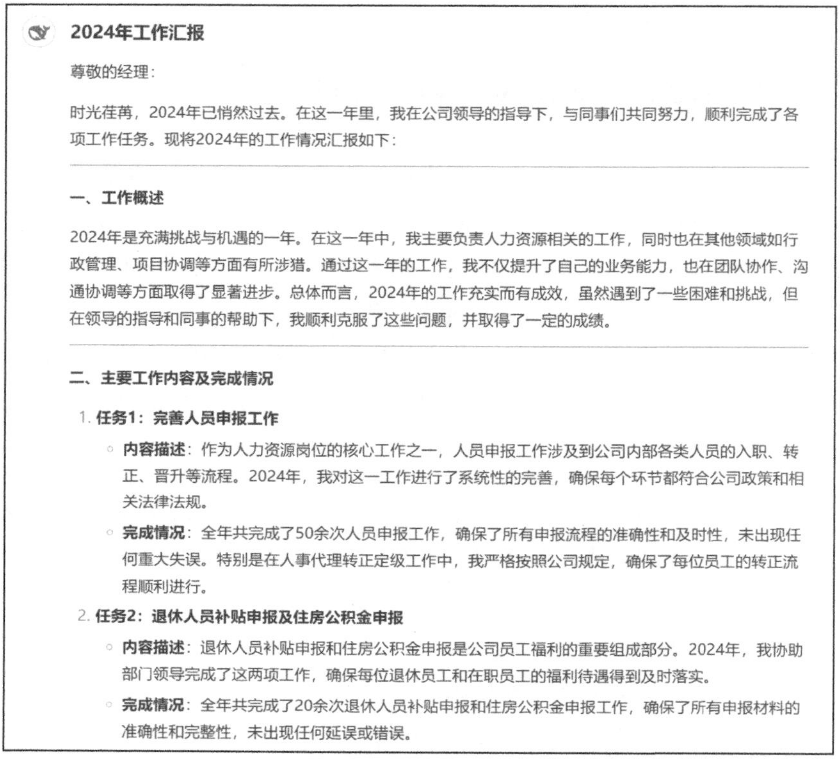

2024年工作汇报

尊敬的经理：

时光荏苒，2024年已悄然过去。在这一年里，我在公司领导的指导下，与同事们共同努力，顺利完成了各项工作任务。现将2024年的工作情况汇报如下：

一、工作概述

2024年是充满挑战与机遇的一年。在这一年中，我主要负责人力资源相关的工作，同时也在其他领域如行政管理、项目协调等方面有所涉猎。通过这一年的工作，我不仅提升了自己的业务能力，也在团队协作、沟通协调等方面取得了显著进步。总体而言，2024年的工作充实而有成效，虽然遇到了一些困难和挑战，但在领导的指导和同事的帮助下，我顺利克服了这些问题，并取得了一定的成绩。

二、主要工作内容及完成情况

1. **任务1：完善人员申报工作**
   ○ **内容描述**：作为人力资源岗位的核心工作之一，人员申报工作涉及到公司内部各类人员的入职、转正、晋升等流程。2024年，我对这一工作进行了系统性的完善，确保每个环节都符合公司政策和相关法律法规。
   ○ **完成情况**：全年共完成了50余次人员申报工作，确保了所有申报流程的准确性和及时性，未出现任何重大失误。特别是在人事代理转正定级工作中，我严格按照公司规定，确保了每位员工的转正流程顺利进行。
2. **任务2：退休人员补贴申报及住房公积金申报**
   ○ **内容描述**：退休人员补贴申报和住房公积金申报是公司员工福利的重要组成部分。2024年，我协助部门领导完成了这两项工作，确保每位退休员工和在职员工的福利待遇得到及时落实。
   ○ **完成情况**：全年共完成了20余次退休人员补贴申报和住房公积金申报工作，确保了所有申报材料的准确性和完整性，未出现任何延误或错误。

图 3-10　DeepSeek-V3 生成的工作汇报

在 DeepSeek-V3 生成工作汇报后，可以通过"多轮持续对话"的技巧，持续向 DeepSeek-V3 提问，引导其提炼出 PPT 的核心内容，然后结合"Kimi+"等其他 AI 工具，进一步生成完整的 PPT（具体的操作步骤请参阅 3.4.1 节）。

3.2.4　使用 DeepSeek-V3 编写会议纪要

我们可以借助通义 AI 效率工具中的"实时记录"功能，以及讯飞听见等工具，对会议内容进行实时记录，并将其转换为文字。随后，将这些文字内容上传至 DeepSeek，并输入相应的提示语：

　　请根据上面的会议记录，使用清晰且专业的写作风格，正文使用条项式写法，帮我写一份简明扼要的会议纪要，会议纪要需要包括下述信息。

主题：教师职业道德规范

时间：2024 年 2 月 3 日

地点：多功能厅

参与人员：全体教职工

主持人：刘道军

会议内容：

DeepSeek-V3 能够按照指定的风格和结构，将会议内容整理成会议纪要，结果如图 3-11 所示。

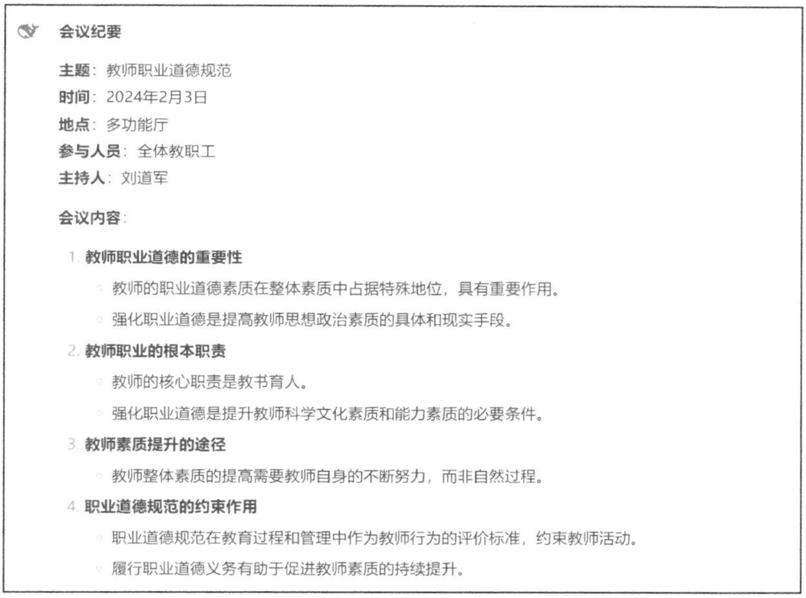

会议纪要

主题：教师职业道德规范
时间：2024年2月3日
地点：多功能厅
参与人员：全体教职工
主持人：刘道军

会议内容：

1. **教师职业道德的重要性**
   - 教师的职业道德素质在整体素质中占据特殊地位，具有重要作用。
   - 强化职业道德是提高教师思想政治素质的具体和现实手段。
2. **教师职业的根本职责**
   - 教师的核心职责是教书育人。
   - 强化职业道德是提升教师科学文化素质和能力素质的必要条件。
3. **教师素质提升的途径**
   - 教师整体素质的提高需要教师自身的不断努力，而非自然过程。
4. **职业道德规范的约束作用**
   - 职业道德规范在教育过程和管理中作为教师行为的评价标准，约束教师活动。
   - 履行职业道德义务有助于促进教师素质的持续提升。

图 3-11 DeepSeek-V3 生成的会议纪要

3.3 使用 DeepSeek-R1 进行知识推理

DeepSeek-R1 的知识推理功能是指通过大规模预训练语言模型和知识图谱，运用逻辑推理、归纳推理以及类比推理等方法，从海量数据中提取并整合信息，从而解决复杂问题的能力。

凭借强大的知识推理功能，DeepSeek-R1 能够在问答场景中，经过深度推理和分析，输出准确且可靠的答案，还能帮我们分析复杂的数据以辅助决策。下面让我们通过几个实际的案例，深入了解这个功能的使用技巧。

3.3.1 使用 DeepSeek-R1 解答逻辑问题

逻辑问题解答作为知识推理体系中至关重要的一环，它着重强调依据既定的已知信息，并严格遵循相应的逻辑规则，通过缜密的思考和推导过程，从而得出原本未知的合理结论。DeepSeek-R1 在这方面具有独特的优势，它能够通过对文本的理解和分析，快速准确地解答各种逻辑问题。

案例 1：数学问题解答

假设我们有这样一个数学问题：

> 一个三位数，百位上的数字比十位上的数字大 1，个位上的数字比十位上的数字的 3 倍少 2，若将个位与百位上的数字顺序颠倒后，所得的三位数与原三位数的和是 1171，求这个三位数。

数学问题通常是典型的开放性任务，其重点在于结果，而解题过程可能存在多种不同的方法。这正是 DeepSeek-R1 的突出优势所在。在 DeepSeek 中启用"深度思考（R1）"功能后，直接输入问题。DeepSeek-R1 在进行了长达 61 秒的深度思考后，逐步拆解问题并展开推理，最终进行了验证，如图 3-12 所示。

在确认结果无误后，DeepSeek-R1 输出了详细的解释过程和最终答案，如图 3-13 所示。

案例 2：逻辑谜题解答

除了数学问题，DeepSeek-R1 在解答各类逻辑谜题方面也表现出色。例如，以下是一个经典的逻辑谜题：

> 有 5 个海盗，他们分 100 枚金币。分法是这样的：首先由第一个海盗提出分配方案，然后所有海盗进行投票，包括提出方案的海盗。如果半数以上的海盗同意这个方案，那么就按照这个方案分配；否则，提出方案的海盗将被扔进海里，由下一个海盗继续提出方案。假设海盗都是理性的，且都希望尽可能多地获得金币，那么第一个海盗应该提出怎样的分配方案才能保证自己存活并获得最多的金币？

一个三位数，百位上的数字比十位上的数字大1，个位上的数字比十位上的数字的3倍少2，若将个位与百位上的数字顺序颠倒后，所得的三位数与原三位数的和是1171，求这个三位数。

已深度思考（用时 61 秒）

嗯，好的，我现在要解决这个三位数的问题。题目说，这个三位数，百位上的数字比十位上的数字大1，个位上的数字比十位上的数字的3倍少2。然后，如果把个位和百位的数字调换位置，得到的新三位数和原来的三位数相加的和是1171，我需要找到这个三位数。

首先，我需要明确题目中的各个条件，并且把它们转化成数学表达式，让我一步一步来。

首先，三位数通常可以表示为百位、十位、个位三个数字的组合，比如百位是 a，十位是 b，个位是 c，那么这个数就是 $100a + 10b + c$。题目中给了几个条件：

1. 百位上的数字比十位上的数字大1，也就是 $a = b + 1$。

2. 个位上的数字比十位上的数字的3倍少2，也就是 $c = 3b - 2$。

3. 调换个位与百位后的新数与原数的和是1171，调换后的数应该是 c 作为百位，b 作为十位，a 作为个位，所以这个数就是 $100c + 10b + a$，原数则是 $100a + 10b + c$，它们的和是1171，所以可以写成：

$(100a + 10b + c) + (100c + 10b + a) = 1171$。

那么我需要根据这些条件来求解这三位数的各个数字。首先，根据条件1和条件2，可以将 a 和 c 都用 b 来表示，这样可能更容易解。

根据条件1，$a = b + 1$，所以如果我能找到 b 的值，就能知道 a 的值。

根据条件2，$c = 3b - 2$，同样，知道了 b 的值，就能得到 c 的值。

现在，我需要把这些代入第二个条件中去，也就是原数和新数的和等于1171。

原数是 $100a + 10b + c$，替换 a 和 c 之后，就是 $100*(b + 1) + 10b + (3b - 2)$。

图 3-12　数学问题的推理过程

设这个三位数的十位数字为 b，则根据题意：

- **百位数字** $a = b + 1$
- **个位数字** $c = 3b - 2$

原数为 $100a + 10b + c$，调换个位与百位后的新数为 $100c + 10b + a$。根据和的条件：

$$(100a + 10b + c) + (100c + 10b + a) = 1171$$

将 a 和 c 替换为关于 b 的表达式：

$$[100(b + 1) + 10b + (3b - 2)] + [100(3b - 2) + 10b + (b + 1)] = 1171$$

展开并简化：

$$(113b + 98) + (311b - 199) = 1171$$
$$424b - 101 = 1171$$
$$424b = 1272$$
$$b = 3$$

代入 $b = 3$：

- $a = 3 + 1 = 4$
- $c = 3 \times 3 - 2 = 7$

验证和：原数 437 与调换后的数 734 之和为 $437 + 734 = 1171$，符合条件。

答案：这个三位数是 437。

图 3-13　DeepSeek-R1 给出的答案

　　DeepSeek-R1 会对这个逻辑谜题进行深入分析，考虑各种可能的情况和海盗的理性选择，如图 3-14 所示。通过逻辑推理，它会得出如图 3-15 所示的分配方案。

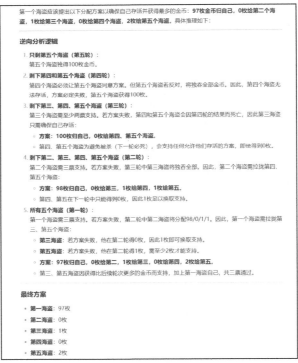

图 3-14 "海盗分金币"的推理过程

第一个海盗应该提出以下分配方案以确保自己存活并获得最多的金币：97枚金币归自己，0枚给第二个海盗，1枚给第三个海盗，0枚给第四个海盗，2枚给第五个海盗。具体推理如下：

逆向分析逻辑

1. **只剩第五个海盗（第五轮）：**
   第五个海盗独得100枚金币。

2. **剩下第四和第五个海盗（第四轮）：**
   第四个海盗必须让第五个海盗同意方案。但第五个海盗若反对，将独得全部金币。因此，第四个海盗无法存活，方案必定失败，第五个海盗获得100枚。

3. **剩下第三、第四、第五个海盗（第三轮）：**
   第三个海盗需至少两票支持。若方案失败，第四和第五个海盗会因第四轮的结果而死亡，因此第三海盗只需确保自己存活。
   - 方案：100枚归自己，0枚给第四、第五海盗。
   - 第四、第五海盗为避免被杀（下一轮必死），会支持任何允许他们存活的方案，即使得到0枚。

4. **剩下第二、第三、第四、第五个海盗（第二轮）：**
   第二个海盗需三票支持。若方案失败，第三轮中第三海盗将独吞全部。因此，第二个海盗需拉拢第四、第五海盗：
   - 方案：98枚归自己，0枚给第三，1枚给第四，1枚给第五。
   - 第四、第五在下一轮只能得到0枚，因此1枚足以换取支持。

5. **所有五个海盗（第一轮）：**
   第一个海盗需三票支持。若方案失败，第二轮中第二海盗将分配98/0/1/1。因此，第一个海盗需拉拢第三、第五个海盗：
   - 第三海盗：若方案失败，他在第二轮得0枚，因此1枚即可换取支持。
   - 第五海盗：若方案失败，他在第二轮得1枚，需至少2枚才能支持。
   - 方案：97枚归自己，0枚给第二，1枚给第三，0枚给第四，2枚给第五。
   - 第三、第五海盗因获得比后续轮次更多的金币而支持，加上第一海盗自己，共三票通过。

最终方案

- **第一海盗：** 97枚
- **第二海盗：** 0枚
- **第三海盗：** 1枚
- **第四海盗：** 0枚
- **第五海盗：** 2枚

图 3-15 "海盗分金币"的最终方案

3.3.2 使用 DeepSeek-R1 进行因果分析

因果分析是知识推理领域中的关键组成部分，其核心在于揭示事物之间的因果关联。DeepSeek-R1 在这一方面展现出卓越的能力，它能够通过深入的数据分析和挖掘，精准地识别出隐藏在数据背后的因果关系。

例如，若研究人员希望了解某种药物对治疗特定疾病的有效性，可以通过使用 DeepSeek-R1 对相关医学数据进行分析，以得出准确的结论。同样，政府若想评估税收政策对经济增长的影响，也可以借助 DeepSeek-R1 对相关经济数据进行分析，从而获得可靠的见解。

案例：使用 DeepSeek-R1 分析吸烟与肺癌的因果关系

吸烟与肺癌之间的因果关系是一个备受关注的话题。我们可以通过 DeepSeek-R1 对大量的医学数据进行分析，来探究吸烟是否会导致肺癌。

首先，我们需要收集相关数据，包括吸烟者和非吸烟者的健康记录、吸烟年限、每日吸烟量以及肺癌发病率等信息。接下来，通过 DeepSeek-R1 的"上传附件"功能，将收集到的数据导入系统，并输入提示语："请分析数据，阐述吸烟与肺癌之间的因果关系。"DeepSeek-R1 会对这些数据进行处理和分析，识别出"吸烟"和"肺癌"这两个关键因素，并尝试揭示它们之间的因果关系，如图 3-16 所示。

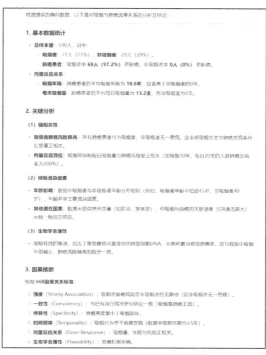

图 3-16　吸烟与肺癌的因果关系

3.4　让 DeepSeek 与其他软件协同

在某些情况下，我们不仅需要文字解答，还需要处理各种格式的文件，例如制作 PPT 文档、思维导图、流程图以及 SVG 格式的矢量图等。我们可以借助 DeepSeek 来整理文档，并将其输出为所需的格式，以满足不同的使用场景。

例如，当想要制作 PPT 和思维导图时，DeepSeek 可以将整理后的内容输出为 Markdown 格式，方便进一步编辑和排版；若要创建流程图，使用 DeepSeek 输出的 Mermaid 格式，能更便捷地绘制和呈现流程逻辑；在进行数据整理工作时，DeepSeek 输出的 CSV 数据表可清晰呈现数据，便于分析；而对于需要预览的情况，DeepSeek 生成的 SVG 矢量图能提供清晰的视觉效果；若要实现在线预览，DeepSeek 输出的 HTML 代码则可满足这一需求。

3.4.1　使用 DeepSeek+Kimi 制作工作汇报 PPT

在实际的工作场景中，制作一份高质量的工作汇报 PPT 是一项重要且具有挑战性的任务。而借助先进的 AI 工具，可以更高效地完成这一工作。我们可以通过"上传附件"功能来上传与工作汇报相关的内容，或者让 DeepSeek 生成文案后，从中提炼出 PPT 的核心内容。接下来，可以结合其他 AI 工具（例如 Kimi、通义等）生成完整的 PPT。

本例以 3.2.3 节的内容为基础，单击文案下方的"复制"按钮，复制生成的完整工作汇报内容。然后打开 Kimi，单击左侧的 ⊛ 按钮，打开"Kimi+"页面。在"官方推荐"选项中找到并选择"PPT 助手"智能体。然后将复制的工作汇报内容粘贴到输入框中，并单击输入框右下角的三角形运行按钮，"PPT 助手"会自动生成 PPT 大纲，如图 3-17 所示。

单击"一键生成 PPT"按钮后，将出现如图 3-18 所示的界面。在此界面中，选择一个合适的模板。接下来，单击"生成 PPT"按钮，Kimi+将迅速完成所有 PPT 页面的制作，如图 3-19 所示。

在如图 3-20 所示的"编辑页面"中，可以针对 Kimi+生成的 PPT 进行多项细节调整，包括大纲编辑、文字设置、形状设置以及背景设置等。完成所有修改后，单击"下载"按钮，即可将 PPT 保存到本地。

图 3-17 自动生成 PPT 大纲

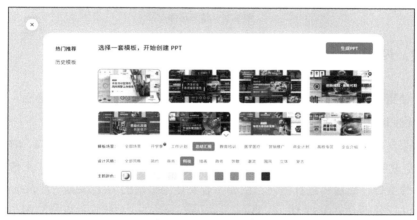

图 3-18 选择 PPT 模板

图 3-19 PPT 制作完成

图 3-20 编辑页面

3.4.2 使用 DeepSeek+Xmind 轻松搞定思维导图

要使用 DeepSeek-V3 制作思维导图，首先需要从文档中提取关键信息，对重点内容进行归纳和提炼，并确保输出结果采用 Markdown 格式。

如果文档已被 DeepSeek 用于训练数据，则可以立即进行提问。然而，对于最新的文档，例如尚未发表的文章或论文，则需要先通过 DeepSeek-V3 的"上传附件"功能上传文档，然后再进行提问。例如，若要使用最新的 *DeepSeek-R1: Incentivizing Reasoning Capability in LLMs via Reinforcement Learning* 文档制作思维导图，首先需要上传该文档，然后输入以下提示语：

请从上述文档中提取关键信息，并以总分结构进行重点归纳和提炼，以中文输出，并使用 Markdown 格式输出。

操作步骤：

第一步：分析和理解文档

1. 确定文档的"主题"。

2. 浏览"目录"，识别主要**章节**和相关的"内页"，以便理解文档结构。

第二步：内容提炼

1. 对于每个章节，提取至少 3 个关键点，每个关键点都需用序号标明。

2. 为每个关键点编写简短的"详细观点描述",以确保内容的清晰和准确性。

注意事项:

在提取关键信息时,应避免过度简化。务必确保内容易于理解,并尽量减少使用过于专业或复杂的术语。

DeepSeek-V3 迅速生成了结果,如图 3-21 所示。单击文案下方的"复制"按钮,将这些内容复制到新建的文本文件中,并将文件扩展名修改为.md,例如命名为"DeepSeek-R1:通过强化学习提升大语言模型的推理能力.md"。

> ### ✑ DeepSeek-R1:通过强化学习提升大语言模型的推理能力
>
> #### 1. 引言
>
> 1. **背景**:近年来,大语言模型(LLMs)在推理任务中的表现不断提升,但仍存在挑战。OpenAI的o1系列模型通过增加推理链的长度在数学、编码和科学推理任务中取得了显著进展,但如何有效扩展推理能力仍是一个开放问题。
> 2. **目标**:本文旨在探索通过纯强化学习(RL)提升语言模型的推理能力,而不依赖监督数据。我们使用DeepSeek-V3-Base作为基础模型,并采用GRPO作为RL框架。
> 3. **贡献**:我们提出了DeepSeek-R1-Zero和DeepSeek-R1两个模型。DeepSeek-R1-Zero通过纯RL训练展示了强大的推理能力,而DeepSeek-R1通过多阶段训练和冷启动数据进一步提升了推理性能。
>
> #### 2. 方法
>
> #### 2.1 概述
>
> 1. **DeepSeek-R1-Zero**:直接在基础模型上应用RL,无需监督微调(SFT)。通过RL,模型自然涌现出多种强大的推理行为。
> 2. **DeepSeek-R1**:在RL之前引入冷启动数据和多阶段训练,解决了DeepSeek-R1-Zero的可读性和语言混合问题。
> 3. **蒸馏**:将DeepSeek-R1的推理能力蒸馏到小型密集模型中,显著提升了小型模型的推理性能。
>
> #### 2.2 DeepSeek-R1-Zero:基础模型上的强化学习
>
> 1. **RL算法**:采用GRPO算法,通过组内得分估计基线,节省训练成本。
> 2. **奖励模型**:使用基于规则的奖励系统,包括准确性奖励和格式奖励,确保模型在推理过程中遵循指定格式。
> 3. **训练模板**:设计简单的训练模板,要求模型先生成推理过程,再生成最终答案,避免内容偏见。

图 3-21 DeepSeek-V3 提取的关键信息

启动 Xmind 应用程序,依次单击"文件">"导入">Markdown。然后选择文件"DeepSeek-R1:通过强化学习提升大语言模型的推理能力.md",单击"打开"。这样,程序将根据 Markdown 文件自动生成思维导图,如图 3-22 所示。

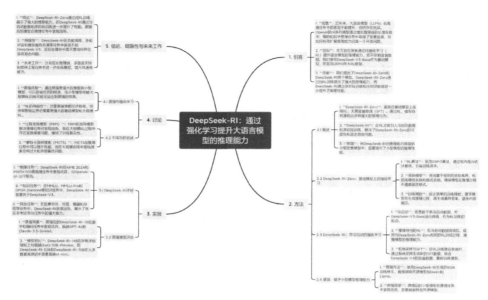

图 3-22　生成的思维导图

3.4.3　使用 DeepSeek+Mermaid 快速制作流程图

流程图是一种非常有用的工具，常用于展示工作流程或项目的整体流程。它由一系列特定的符号、指向明确的箭头以及简洁的文本注解构成，通过这些元素来精准描绘出一个过程中的各个步骤和关键决策点。凭借这样直观的呈现方式，流程图能够助力使用者清晰理解复杂的过程，及时发现其中存在的问题并加以纠正，进而更有效地管理工作流程，提升工作效率和质量。

1. Mermaid 图表绘制工具

Mermaid 是一款强大的开源免费图表描述语言与渲染工具，以独特的文本驱动方式，突破传统图表的绘制局限。用户通过简单的文本指令，如用->表示流程走向，使用 rect 定义矩形节点等，就能轻松创建流程图、序列图、甘特图等多种图表，大幅降低制作门槛，为项目规划、流程梳理等提供便利。

对于 DeepSeek-R1 已经训练过的常规知识，直接向 DeepSeek-R1 进行提问，即可生成 Mermaid 格式的流程图代码。生成代码后，可借助支持 Mermaid 的工具或平台，通过解析和渲染等操作，将其以可视化的方式呈现出图片效果。

例如，可以这样提问："请详细列出 Excel 中数据分析的步骤，并生成一个包含二级、三级等多层级的流程图，以 Mermaid 格式输出。"这将生成如图 3-23 所示的结果。单击文案下方的"复制"按钮或单击代码块右上方的"复制"按钮，将这些代码复制到 Mermaid 工具中，即可生成如图 3-24 所示的流程图。

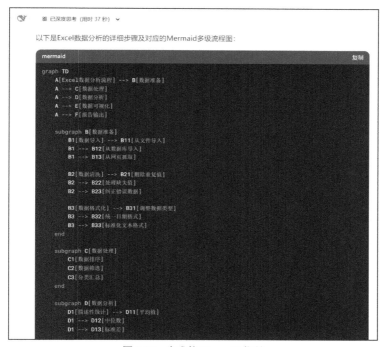

图 3-23　生成的 Mermaid 代码

图 3-24　生成的流程图

如果是全新的知识或技术文档，则需要先使用 DeepSeek 的"上传附件"功能上传文档，然后输入相应的提示语：

角色：

Mermaid 图表代码生成器

功能：

根据用户提供的流程或架构描述，自动生成符合 Mermaid 语法的图表代码。

技能：

熟悉 Mermaid 的图表类型和语法，能高效将流程转化为代码。

理解流程分析、架构设计及结构化展示等领域知识。

约束：

代码必须符合 Mermaid 语法规范。

流程和结构表达需准确清晰。

流程图需要有二级、三级等多层级。

输出的代码格式应简洁且易于理解。

工作流程：

收集详细的流程或架构描述。

根据描述分析并设计图表结构。

生成并输出符合 Mermaid 语法的代码。

校验代码，确保没有语法错误。

将最终代码提供给用户。

输出格式：

Mermaid 图表代码。

分析上述文档，针对核心内容设计流程图（Mermaid），以展示从基础模型到蒸馏模型的整个训练和优化过程。

DeepSeek-R1 输出的 Mermaid 代码如图 3-25 所示。将这些代码复制到 Mermaid 图表绘制工具，即可生成如图 3-26 所示的流程图。

2. draw.io 开源流程图软件

draw.io 是一款开源的跨平台绘图软件，支持 Windows、macOS、Linux 等多种操作系统。用户可以直接访问 draw.io 官方网站，单击 Download 按钮进行下载，如图 3-27 所示。

图 3-25　输出的 Mermaid 代码

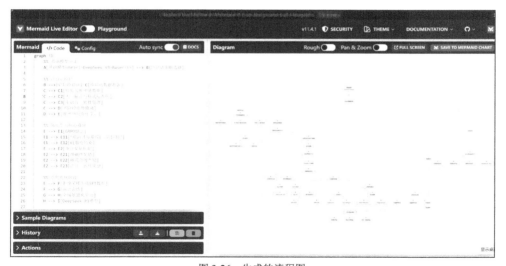

图 3-26　生成的流程图

该软件的安装包存放在 GitHub 仓库中，且有适用于多个系统的不同版本。在单击 Download 按钮弹出的页面中，选择所需的安装文件（这里选择的是 Windows Installer），如图 3-28 所示。

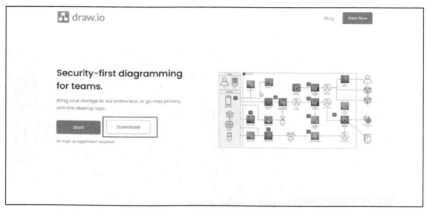

图 3-27 下载 draw.io 软件

图 3-28 选择 Windows Installer

下载完成后，运行安装程序，完成该软件的安装。之后双击图标将其启动，在弹出的界面中单击"创建新绘图"，在弹出的对话框中，选择"空白框图"，然后单击"创建"按钮，如图 3-29 所示。

在弹出的界面中，单击"+"＞"高级"＞ Mermaid，如图 3-30 所示。

复制之前 DeepSeek-R1 输出的代码，将其粘贴到如图 3-31 所示的界面窗口内，然后单击"插入"按钮，即可生成相应的流程图，如图 3-32 所示。

图 3-29　创建空白框图

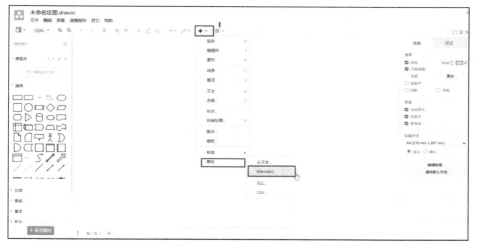

图 3-30　Mermaid 代码路径

```
graph TD
    %% 基础模型分支
    A[基础模型<br/>DeepSeek-V3-Base] --> B[冷启动策略选择]

    %% 冷启动路径
    B --> 启用冷启动  C[冷启动数据准备]
    C --> C1[收集长推理链数据]
    C --> C2[人工标注与格式标准化]
    C --> C3[多语言一致性调整]
    C --> D[多阶段监督微调]
    D --> E[推理导向强化学习]

    %% 强化学习核心模块
    E --> E1[GRPO算法]
    E1 --> E11["组内评分基线(公式1-3)"]
    E1 --> E12[KL散度约束]
    E --> E2[混合奖励机制]
    E2 --> E21[准确性奖励]
    E2 --> E22[格式合规奖励]
    E2 --> E23[语言一致性奖励]

    %% 迭代优化阶段
    F --> F1[拒绝采样生成SFT数据]
```

图 3-31　将 Mermaid 代码复制到 draw.io 界面中

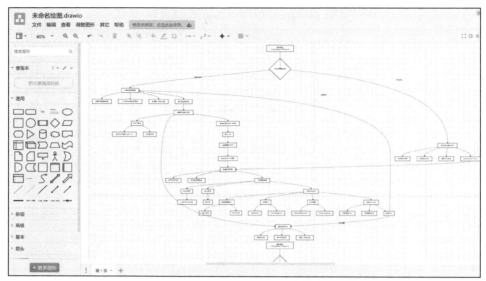

图 3-32 draw.io 生成的流程图

3.4.4 使用 DeepSeek+XML 生成 SVG 矢量图

SVG 是一种基于 XML 的矢量图形格式，用于在网页和文档中创建清晰、可缩放的图像。与传统的位图（如 PNG、JPG）不同，SVG 使用数学公式描述图像的形状、颜色和位置，因此无论放大多少倍，图像都不会失真，始终保持清晰。

那么，如何利用 DeepSeek 生成 SVG 矢量图呢？其实很简单，我们可以通过向 DeepSeek-R1 输入提示语来实现。例如，输入以下提示语：

> 以中国传统节日——春节为主题，设计一款图形作品。要求设计简洁而精美，排版直观且易于理解，画面需生动并富有情感张力。作品输出格式为 SVG，尺寸比例建议为 3:4。

DeepSeek-R1 经过"深度思考"后，输出如图 3-33 所示的 XML 代码。单击代码框右下角的"运行 HTML"按钮，即可查看生成的 SVG 矢量图，如图 3-34 所示。

如果希望对 SVG 图形进行美化，可以使用即梦 AI。在即梦 AI 的操作界面中，

在 "AI 作图" 区域中单击 "图片生成" 按钮，如图 3-35 所示。

```xml
<g transform="translate(300 120)">
    <path d="M-80 0a80 120 0 0 1 160 0v200a80 60 0 0 1-160 0" fill="url(#goldGrad)"/>
    <rect x="-10" y="200" width="20" height="80" fill="#804000"/>
    <text x="0" y="80" font-family="LiSu" font-size="48" fill="#ae0d14" text-anchor="middle">春
</text>
</g>

<!-- 中央福字 -->
<text x="300" y="500" font-family="KaiTi" font-size="180" fill="url(#goldGrad)"
    text-anchor="middle" stroke="#2d1800" stroke-width="2">福</text>

<!-- 动态烟花 -->
<g opacity="0.8">
    <path d="M100 700l20-40m-10 30l30-20" stroke="#ffef00" stroke-width="3"/>
    <path d="M500 650q-30-15 10-50" stroke="#ff4500" stroke-width="2"/>
</g>

<!-- 春联框 -->
<g transform="translate(300 600)">
    <rect x="-200" y="-120" width="400" height="240" rx="20" fill="url(#goldGrad)"/>
    <text x="0" y="-60" font-family="SimHei" font-size="36" fill="#ae0d14" text-anchor="middle">
        <tspan x="0" dy="1.2em">春回大地</tspan>
        <tspan x="0" dy="1.8em">福满人间</tspan>
    </text>
</g>

<!-- 祥云装饰 -->
<path d="M50 200c20-15 40-5 50 10-10 20-30 30-50 20" fill="#fff" opacity="0.3"/>
<path d="M550 300c-15-10-25 5-30 15 15 10 35 5 30-15" fill="#fff" opacity="0.3"/>

<!-- 灯笼元素 -->
<g transform="translate(150 720)">
    <rect width="10" height="60" fill="#804000"/>
    <circle cx="5" cy="10" r="8" fill="#ae0d14"/>
    <path d="M5 20l-3 30 6-30" stroke="#ffd700" stroke-width="2"/>
</g>
</svg>
```

图 3-33　生成的 XML 代码

图 3-34　生成的 SVG 矢量图

图 3-35 即梦 AI 界面

接下来，在弹出的页面中单击"导入参考图"按钮，上传已生成的 SVG 图形，并在提示语输入框中输入"这是一张中国春节主题的 SVG 矢量图，请根据其轮廓进行美化"。如图 3-36 所示，在输入完提示语后，单击"立即生成"按钮，即梦 AI 将为你生成 4 幅美化后的画作，可以从中选择最满意的一幅进行下载。

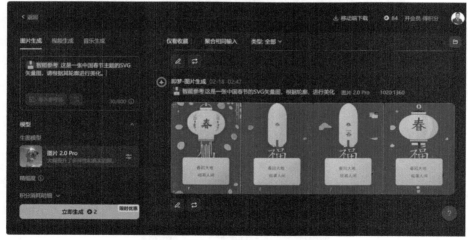

图 3-36 即梦 AI 美化后的 SVG 矢量图

第 4 章

DeepSeek：助你成为自媒体专家

本章主要讲述如何借助 DeepSeek 深度赋能自媒体领域。从基于大数据分析撰写吸睛的朋友圈文案，到利用 AI 算法生成爆款小红书种草文案，再到凭借丰富的创意素材库编写精彩小说和短视频脚本，DeepSeek 在各个领域环节都能为你提供有力支持。

4.1 利用 DeepSeek 写朋友圈文案

朋友圈不仅仅是一个社交平台，更是一个展示自我、分享生活、交流情感和推广产品的多功能空间。朋友圈文案就如同一张小小的个人名片，能够在各个方面发挥重要作用，展现出我们的生活点滴、情感世界和独特个性。

微信朋友圈文案通常有以下几个显著特点。

- **简洁性**：人们在刷朋友圈时往往是在忙碌生活的间隙见缝插针，浏览节奏很快，因此文案通常简短精炼，能迅速抓住核心要点，比如"今天阳光超暖，心情也美美哒"。

- **情感性强**：朋友圈是情感表达的窗口，承载着我们的喜悦、悲伤、思念等情绪，像"想家了，格外想念妈妈的味道"。

- **生活化**：朋友圈的文案多围绕日常生活展开，如分享美食、工作趣事和旅行见闻等，十分接地气。

- **互动性突出**：好的朋友圈文案能引发点赞、评论和转发，例如提问式文案"你们是怎么度过周末的呢"。

- **具有视觉呈现效果**：常搭配图片或视频，以增强吸引力和说服力，如配上诱人食物图片的美食文案。
- **个性化**：每个人都是独一无二的个体，或幽默风趣，或文艺清新，朋友圈文案可以展示其独特个性。

4.1.1 朋友圈日常分享文案的编写技巧

朋友圈是我们留存生活碎片、记录生活点滴的温暖角落。通过分享日常点滴，无论是清晨的第一缕阳光，还是加班后疲惫却充实的身影，都像是在与朋友进行一场跨越屏幕的亲切交谈。这些平凡的瞬间可以维系并增进朋友间的感情。

撰写朋友圈的日常分享文案其实并不复杂，以下是一些可供参考的编写技巧。

- **明确主题和目的**：在编写朋友圈文案之前，首要先明确自己想要表达的主题和目的。是想分享一件开心的事情，还是表达对亲人的思念？只有明确了主题和目的，才能更好地引导 DeepSeek 生成符合我们需求的文案。例如，如果你想分享一次愉快的旅行经历，可以在 DeepSeek 中输入提示语："帮我写一段朋友圈文案，主题是我刚结束了一天的深圳杨梅坑海边旅行，要突出轻松愉悦的氛围，字数在 100 字左右。"DeepSeek 的输出如图 4-1 所示。

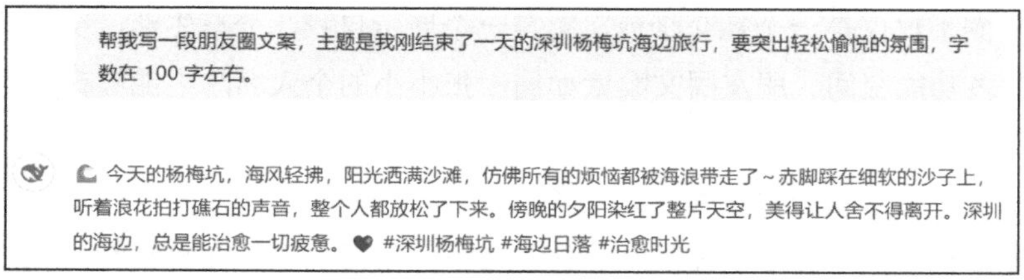

> 帮我写一段朋友圈文案，主题是我刚结束了一天的深圳杨梅坑海边旅行，要突出轻松愉悦的氛围，字数在 100 字左右。
>
> 今天的杨梅坑，海风轻拂，阳光洒满沙滩，仿佛所有的烦恼都被海浪带走了～赤脚踩在细软的沙子上，听着浪花拍打礁石的声音，整个人都放松了下来。傍晚的夕阳染红了整片天空，美得让人舍不得离开。深圳的海边，总是能治愈一切疲惫。 ❤ #深圳杨梅坑 #海边日落 #治愈时光

图 4-1 杨梅坑旅行朋友圈文案

- **运用生动形象的语言**：生动形象的语言能够让文案更加吸引人。我们可以使用一些比喻、拟人、排比等修辞手法，让文案更加富有感染力。比如，你想描述一朵盛开的花，可以在 DeepSeek 中输入提示语："用生动形象的语言帮我写一段关于盛开的花的朋友圈文案，要让人仿佛能看到花的美丽，字数在 50 字左右。"DeepSeek 的输出如图 4-2 所示。
- **加入情感元素**：带有情感元素的文案更容易引起共鸣。我们可以根据自己的情感状态，让 DeepSeek 在文案中加入相应的情感表达。例如，如果你想表达

对朋友的感谢，可以在 DeepSeek 中输入提示语："帮我写一段表达对朋友感谢的朋友圈文案，要充满真挚的情感，字数在 80 字左右。"DeepSeek 的输出如图 4-3 所示。

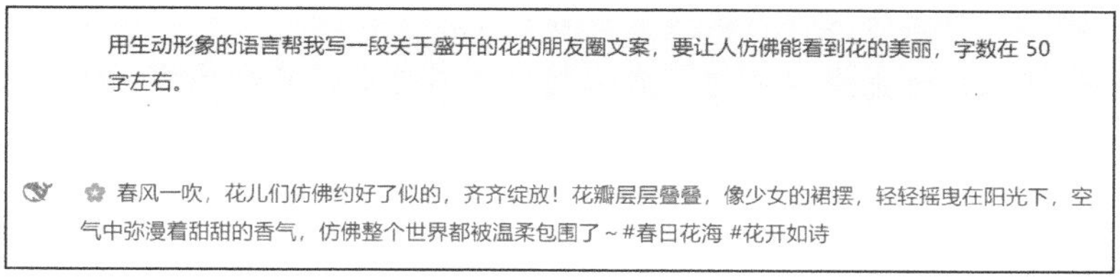

用生动形象的语言帮我写一段关于盛开的花的朋友圈文案，要让人仿佛能看到花的美丽，字数在 50 字左右。

🐾　✿ 春风一吹，花儿们仿佛约好了似的，齐齐绽放！花瓣层层叠叠，像少女的裙摆，轻轻摇曳在阳光下，空气中弥漫着甜甜的香气，仿佛整个世界都被温柔包围了～#春日花海 #花开如诗

图 4-2　盛开的花的朋友圈文案

帮我写一段表达对朋友感谢的朋友圈文案，要充满真挚的情感，字数在 80 字左右。

🐾　☆ 有时候真的觉得自己特别幸运，能遇到你们这样的朋友。无论是开心的时刻，还是低谷的日子，你们总是默默陪伴，给予我无尽的支持和温暖。感谢你们的存在，让我觉得生活多了很多光亮。♥ #感恩有你 #友情无价

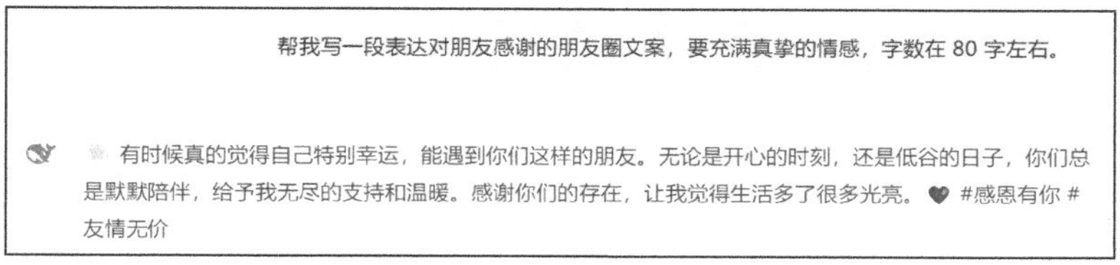

图 4-3　对朋友感谢的朋友圈文案

4.1.2　朋友圈产品宣传文案的编写技巧

如果你是一名销售人员，也可以充分利用朋友圈进行有效的产品营销。通过精心设计的朋友圈文案，你可以向朋友介绍你的产品或服务，吸引潜在客户的关注。若希望文案更具创意，建议使用 DeepSeek-R1 进行撰写，可参考以下提示语。

任务：写一个朋友圈软广文案，要引导用户提供目标观众画像（职业、年龄范围、工作、生活习惯等）；引导用户提供产品描述和具体卖点，可通过案例进行示范；结合信息，运用特定框架创作情绪化、高质量、有穿透力且能引发共鸣的朋友圈文案，且产品植入要巧妙；整合信息，输出完整的朋友圈文案；对生成的文案进行自我复盘，打分并提修改建议。

目标：依据产品信息和人设背景，生成符合格式要求、有吸引力和互动性的朋友圈软广文案，助力产品的有效推广，与目标受众建立良好的情感连接。

要求：每个步骤需有明确的理由和策略性解释，内容清晰易读，方便用户理解和执行，且严格按步骤进行，每步结束后先询问用户是否满意，再进行下一步。文案要规避敏感词、限制词，文案输出要丰满、丰富，在 200 字内，有

吸引力、观点犀利，带情绪化色彩，无 AI 感觉，牢记用户信息，运用超强写作能力让产品潜移默化展示。自我复盘时用表情符号打分，说明亮点与不足，为用户提修改建议。

禁忌：禁止一次性输出所有步骤；不能直接推销产品；文案不能有生硬的广告植入；避免出现任何可能引起用户不适或反感的内容；不能遗漏用户提供的任何关键信息；文案风格不能过于呆板、机械，要符合微信朋友圈的社交属性。

根据提示语的要求，DeepSeek-R1 进行了深入思考，并分步骤进行了详细分析，如图 4-4 所示。

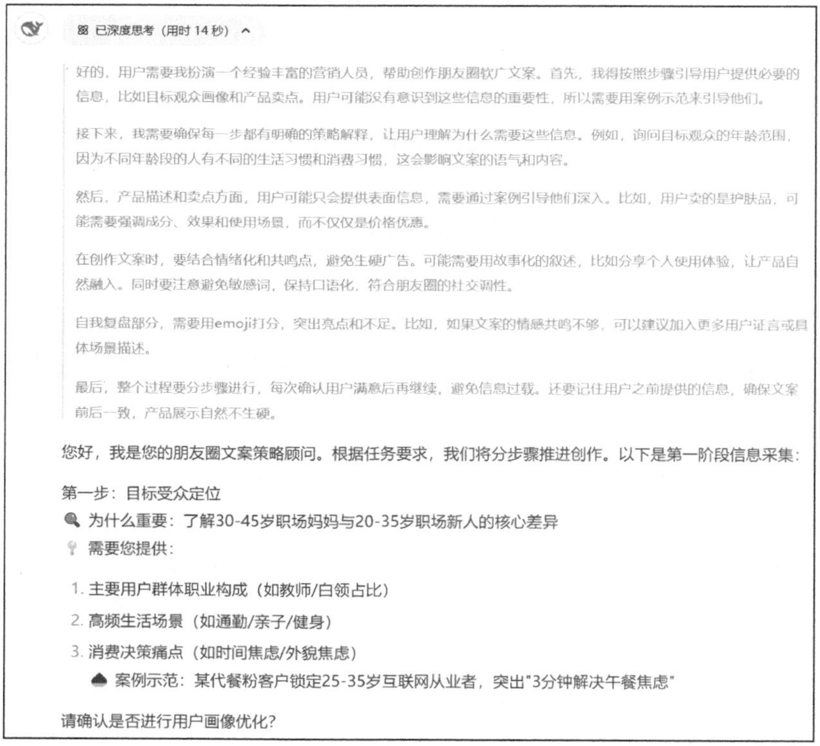

图 4-4 朋友圈产品宣传文案需求分析

根据提示语的要求，DeepSeek-R1 引导用户补充目标受众的详细信息，例如输入"目标受众：20～30 岁女性，热衷户外旅行，存在外貌焦虑"，DeepSeek-R1 在分析后进入下一阶段：产品信息挖掘，如图 4-5 所示。

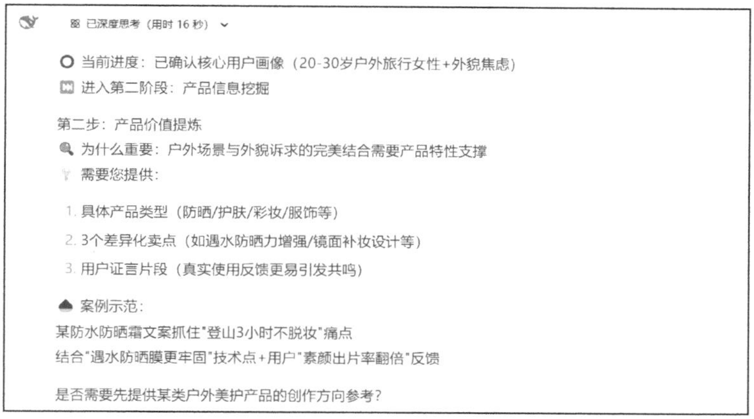

已深度思考（用时 16 秒）

当前进度：已确认核心用户画像（20-30岁户外旅行女性+外貌焦虑）
进入第二阶段：产品信息挖掘

第二步：产品价值提炼
为什么重要：户外场景与外貌诉求的完美结合需要产品特性支撑
需要您提供：

1. 具体产品类型（防晒/护肤/彩妆/服饰等）
2. 3个差异化卖点（如遇水防晒力增强/镜面补妆设计等）
3. 用户证言片段（真实使用反馈更易引发共鸣）

案例示范：
某防水防晒霜文案抓住"登山3小时不脱妆"痛点
结合"遇水防晒膜更牢固"技术点+用户"素颜出片率翻倍"反馈

是否需要先提供某类户外美护产品的创作方向参考？

图 4-5 产品信息挖掘

接下来，输入产品的关键特性，例如“有效防止晒伤、避免肤色变黑、预防光老化，并且带来妆前轻盈透亮的肤感”，DeepSeek-R1 在分析之后将进入下一阶段：场景化文案构建，如图 4-6 所示。

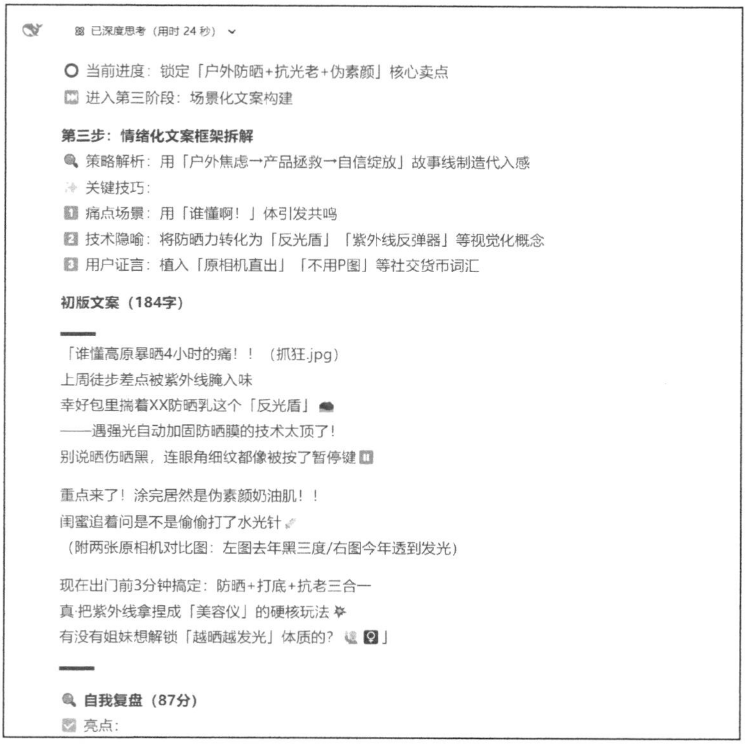

已深度思考（用时 24 秒）

当前进度：锁定「户外防晒+抗光老+伪素颜」核心卖点
进入第三阶段：场景化文案构建

第三步：情绪化文案框架拆解
策略解析：用「户外焦虑→产品拯救→自信绽放」故事线制造代入感
关键技巧：
1 痛点场景：用「谁懂啊！」体引发共鸣
2 技术隐喻：将防晒力转化为「反光盾」「紫外线反弹器」等视觉化概念
3 用户证言：植入「原相机直出」「不用P图」等社交货币词汇

初版文案（184字）

「谁懂高原暴晒4小时的痛！！（抓狂.jpg）
上周徒步差点被紫外线腌入味
幸好包里揣着XX防晒乳这个「反光盾」
——遇强光自动加固防晒膜的技术太顶了！
别说晒伤晒黑，连眼角细纹都像被按了暂停键

重点来了！涂完居然是伪素颜奶油肌！！
闺蜜追着问是不是偷偷打了水光针
（附两张原相机对比图：左图去年黑三度/右图今年透到发光）

现在出门前3分钟搞定：防晒+打底+抗老三合一
真·把紫外线拿捏成「美容仪」的硬核玩法
有没有姐妹想解锁「越晒越发光」体质的？」

自我复盘（87分）
亮点：

图 4-6 场景化文案构建

在确认无须进一步优化后，DeepSeek-R1 生成了最终的朋友圈产品宣传文案，同时提供了复盘评分、亮点总结以及相关提示，如图 4-7 所示。

图 4-7 最终优化版文案

4.2 利用 DeepSeek-R1 写小红书种草文案

在社交媒体全面渗透生活的当下，小红书已从众多平台中脱颖而出，成为大众分享生活日常、探索各类优质好物的热门社区。在这里，每一次分享都是生活的精彩呈现，每一条推荐都可能开启新的潮流风尚。对于品牌而言，小红书更是一个不可多得的营销阵地，为品牌推广和消费者互动搭建起了一座高效沟通的桥梁。

在小红书内容创作的浪潮中，DeepSeek-R1 这款创意无限的大模型，正悄然成为创作者们的得力助手。它凭借强大的智能算法和丰富的语言理解能力，能够快速洞察小红书平台的风格与受众喜好，为用户提供极具吸引力的小红书种草文案创作思路，助力产品在小红书上收获海量关注与广泛认可，轻松抢占流量高地。

　　为了高效利用 DeepSeek-R1 大模型撰写具有针对性的文案，我们需要深入了解小红书种草文案的几个显著特征。

- **种草属性**：小红书是一个以分享和推荐为核心的社交平台，其用户更倾向于浏览有价值且富有吸引力的内容。因此，文案应着重突出产品的独特卖点和优势，以有效激发消费者的购买欲望。

- **风格亲切自然**：小红书的用户群体以年轻人为主，他们更喜欢亲切、自然、接地气的文案风格。因此，在文案创作中要避免使用过于正式或生硬的语言，而是像朋友聊天一样，分享自己的阅读体验和感受。

- **内容真实可信**：小红书的用户更倾向于相信那些基于真实使用体验和感受的分享文案。因此，文案应融入个人的真实体验，以便消费者能切实感受到产品的价值和魅力。

- **视觉效果出色**：在小红书的文案创作中，图片和视频是吸睛的关键。文案需搭配引人注目的图片或视频，以提升整体视觉冲击力和吸引力。精挑细选的图片、精心剪辑的视频，应与文案内容精准契合，巧妙地将产品特色与亮点全方位呈现，让用户瞬间种草。

- **篇幅精炼**：小红书文案通常篇幅短小精悍，需在有限的字数内精准传达产品的核心卖点。冗长繁杂的描述在这里毫无用武之地，只有紧紧围绕重点，将产品的价值与独特优势清晰呈现，才能让消费者一眼洞悉，提升购买欲望。

　　在了解了小红书文案的特点之后，接下来通过具体案例详细阐述小红书文案的写作技巧。

4.2.1　随意种草型小红书文案

　　在撰写这类标准相对常规的普通文案时，可以采用四要素指令法，在明确任务、受众及具体要求等后，只需提出简单问题即可。例如：

　　　　我最近读了一本《高效能人士的七个习惯》，想在小红书上分享一下，根据小红书文案写作特点，帮我写一段文案，要求添加表情，字数在 500 字左右。

　　DeepSeek-R1 首先对提示语的要求和小红书文案的特点进行了深入分析（见图 4-8），随后生成了富有创意的文案，如图 4-9 所示。

> 我最近读了一本《高效能人士的七个习惯》，想在小红书上分享一下，根据小红书文案写作特点，帮我写一段文案，要求添加表情，字数在500字左右。

> ☸ 已深度思考（用时 17 秒）∧
>
> 嗯，用户最近读了《高效能人士的七个习惯》，想在小红书上分享。首先，我需要了解小红书的平台特点，用户群体主要是年轻女性，喜欢轻松、有亲和力的内容，配图精美，文案里常用表情符号和虚行的分段。
>
> 用户要求添加表情，字数500字左右，我将确保文案结构清晰，吸引眼球。开关可能需要一个醒目的标题，加上相关话题标签，比如#自我提升、#好书推荐等，增加曝光。
>
> 接下来，用户可能希望突出书的精华，但不想太枯燥。应该用简洁的语言概括七个习惯，同时结合个人体验，让读者觉得真实可信。可能需要分点说明，每个习惯用一两句话解释，加上表情符号分隔，让阅读更轻松。
>
> 还要考虑加入一些个人感受，比如这本书带来的改变，或者如何应用到日常生活中，这样更容易引起共鸣。可能还需要一些激励性的句子，激励读者去阅读和实践。
>
> 另外，小红书用户喜欢互动，结尾可以提问，比如问大家最喜欢哪个习惯，或者有没有其他好书推荐，促进评论互动。同时，加上相关的标签，比如#高效能人士的七个习惯、#成长干货，方便其他用户搜索。
>
> 需要注意避免过于学术化的语言，保持口语化，用词活泼。适当使用emojis，但不要过多，以免显得杂乱。每个段落不宜过长，用换行或符号分隔，保持版面整洁。
>
> 可能还需要考虑用户是否有特定的风格偏好，比如是否喜欢用特定类型的表情符号，或者有没有特别想强调的部分。但用户没有提到，所以按照通用风格处理。
>
> 最后检查字数，确保在500字左右，结构合理，重点突出，符合小红书的社区氛围。可能需要调整段落顺序，把最吸引人的点放在前面，比如个人改变或实用技巧，再详细展开内容。

图 4-8　DeepSeek-R1 的分析过程

> 📖读完这本书，我彻底戒掉了"假努力"！｜职场女孩逆袭指南 💪
>
> ✨ 姐妹们！今天要分享一本让我从职场小透明逆袭成效率女王的宝藏书！《高效能人士的七个习惯》真的不是普通鸡汤，而是能改变人生的行动指南！（附思维导图＋手账模板 📒）
>
> 🍴 核心干货整理：
> **1⃣【主动出击】**🐾
> "别做只会抱怨的职场小白兔！遇到困难时，把'要是…就好了'换成'我可以…'"（亲测有效！上个月用这个思维搞定难缠客户 👊）
>
> **2⃣【以终为始】**🎯
> 手把手教你制作人生愿景板（见图3我的2024版✨）每天看目标清单，拖延症都被治好了！
>
> **3⃣【要事第一】**⏰
> 分享我的四象限工作法：把60%时间放在"重要不紧急"事项上（考证/学技能），今年工资涨了30% 💰
>
> **4⃣【双赢思维】**🤝
> 带团队后才发现：真正的强者都懂"利他"！和同事建立"成长联盟"后，项目推进速度快了2倍 🚀
>
> **5⃣【知彼解己】**
> 超实用沟通公式：复述＋共情＋建议（客户谈判成功率提升50%的秘诀！）
>
> **6⃣【统合综效】**✏️
> 跨部门协作时，用"Yes,and…"代替"但是"，轻松化解90%的矛盾（新人快速融入团队必备！）
>
> **7⃣【不断更新】**🎮
> 我的晨间routine：冥想10min＋听书30min＋帕梅拉15min（见图4元气打卡表）
>
> ♥ 实践心得：
> - 不是成功人士才需要的好习惯，而是养成这些习惯才能成功
> - 把"习惯"拆解成具体场景：晨会/午休/通勤时做什么
> - 搭配效率手账效果翻倍（文末送同款模板）

图 4-9　DeepSeek-R1 生成的文案

若想使文案更具视觉吸引力，并更好地契合小红书社区的氛围，可以进一步追问以下问题：

> 请将上述内容转化为可直接使用的 HTML 代码，确保其契合小红书社区的氛围，具备视觉吸引力，并易于传播。

注意

这一步建议关闭"深度思考（R1）"功能，使用 DeepSeek-V3，以免生成的 HTML 代码中的文案内容与之前确定的文案产生偏差。

DeepSeek 在收到上述提示语后，将生成如图 4-10 所示的 HTML 代码。在代码框底部单击"运行 HTML"按钮（图中未显示），即可呈现最终的可视化结果，如图 4-11 所示。

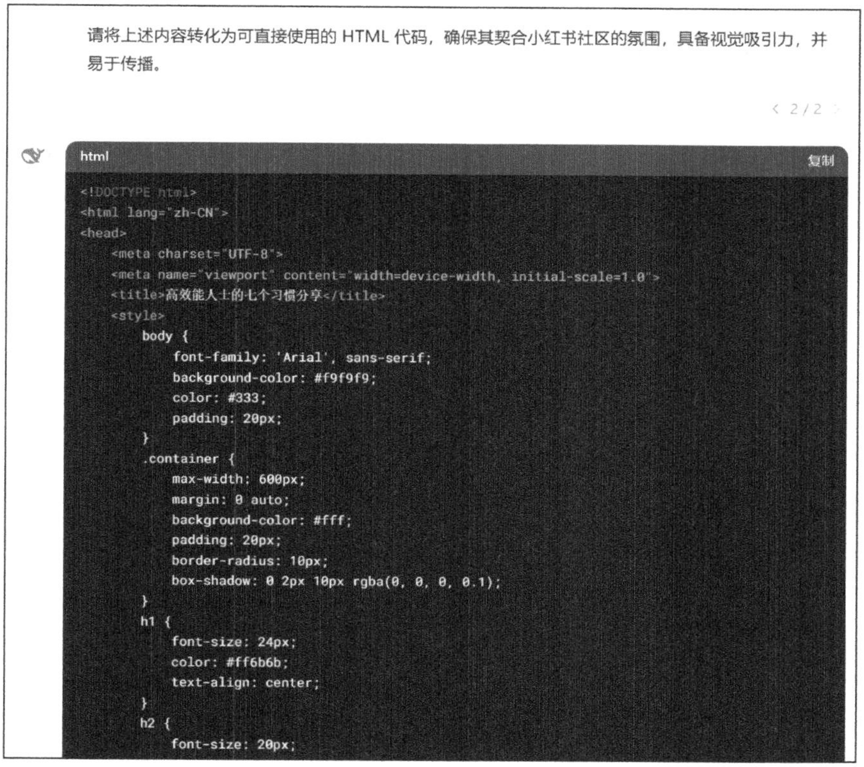

图 4-10　生成的 HTML 代码

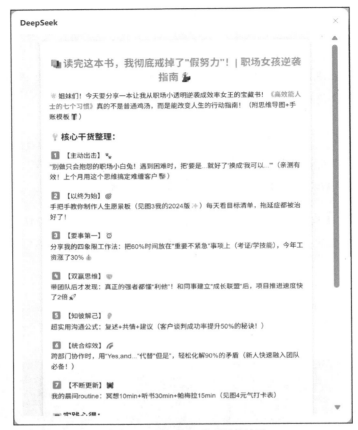

图 4-11　运行 HTML 代码后的结果

4.2.2　风格化仿写小红书文案

在小红书这个内容创作的大舞台上，不少人满心热忱地分享了一篇又一篇文章，却无奈遭遇阅读量与点赞数的"寒冬"，尤其是那些不太擅长写作的创作者，更是在这场内容角逐中举步维艰。其实，突破困境的方法并不复杂，有一个简单却极为有效的策略，能够显著提升你帖子的吸引力，那就是从模仿优秀的作品起步。

下面将介绍风格化仿写小红书文案的创作步骤。

- **投喂参考示例**：挑选一篇符合你期望风格的小红书文案佳作并提供给 DeepSeek-R1 参考，使其拥有一个可模仿的示例。
- **解析示例特征**：仔细研究这篇热门文案，搞清楚它的标题形式、正文结构、语言风格等特色。比如标题是否使用了数字吸引眼球，正文是不是分点阐述。

- **模仿生成**：请 DeepSeek-R1 根据分析得出的特征，并结合要推广的产品特点，创作一篇风格相似的文案。
- **整合调优**：优化语句不通顺之处，并调整文案风格，使其更符合小红书的调性，让整体表达更加完美。

接下来，我们将运用风格化仿写技巧，撰写一篇关于"口红"产品的小红书文案。首先在小红书首页搜索"美妆产品"关键词，选择内容类型为"图文"，然后从右侧选择排序方式为"最热"，页面将根据热度进行排序，如图 4-12 所示。

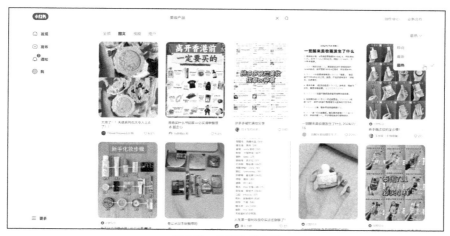

图 4-12　搜索参考示例

打开要参考的文案佳作，复制右侧的文本内容，如图 4-13 所示。

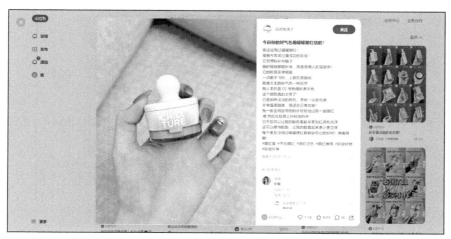

图 4-13　复制参考示例的内容

将示例的内容复制到 DeepSeek-R1 中，并要求 DeepSeek-R1 分析文案的标题和内容写作风格，如图 4-14 所示。

图 4-14 使用 DeepSeek-R1 进行分析

经过 21 秒的"深度思考"，DeepSeek-R1 生成了如图 4-15 所示的分析结果。可以看到，DeepSeek-R1 不仅对标题、内容写作风格以及目标人群定位进行了全面分析，还提供了相应的优化建议。

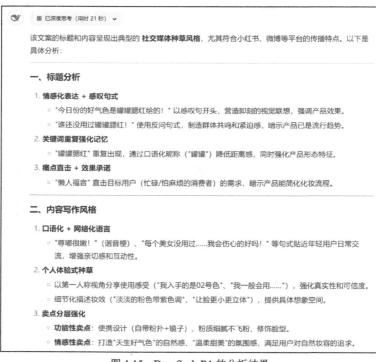

图 4-15 DeepSeek-R1 的分析结果

　　基于分析后的写作风格，撰写一篇关于"口红"产品的推广文案，参照以下提示语。

　　根据你先前分析的写作风格，撰写一篇关于某品牌口红产品的小红书文案。目标受众和产品特点如下。

目标受众

年龄：18～40 岁女性

职业：上班族、学生、自由职业者等

消费习惯：注重品质与性价比，追求时尚潮流

生活方式：活跃于社交媒体，喜欢分享生活点滴

价值观：追求个性与自我表达，注重生活品质与情感体验

产品特点

色泽饱满：采用先进显色技术，一抹即可呈现浓郁纯正的色彩，满足不同肤色和妆容需求。

质地轻盈：膏体质地细腻柔滑，易于涂抹，不拔干、不卡纹，可带来舒适的使用体验。

持久不脱色：特殊配方使其具有出色的持久度，长时间保持鲜艳色泽，无须频繁补妆。

滋润保湿：富含多种天然保湿成分，如维生素 E 和蜂蜡，能有效滋润唇部肌肤，防止干燥起皮。

时尚包装：简约而富有设计感的外观，彰显品牌格调，方便携带，随时随地展现个人魅力。

　　DeepSeek-R1 首先回顾了用户之前提供的分析，以确保新文案符合既定的风格，随后生成了如图 4-16 所示的文案。

　　如果你希望为文案搭配一张引人注目的产品主图，可以继续让 DeepSeek 根据文案提炼出相应的提示语，如图 4-17 所示。

　　接下来，复制产品主图的提示语，打开通义万相，选择"文字作画"功能，将提示语粘贴到指定窗口。接着，设置画作比例为 9:16，然后单击"生成画作"按钮，即可生成 4 张产品主图（见图 4-18）。

　　单击你喜欢的一张图片，如图 4-19 所示，即可进行"高清放大""无水印下载"等后续操作。

✿ 已深度思考（用时 22 秒）∨

✦ 救命！这支口红是来报恩的吧！！黄黑皮亲妈＋不沾杯＋润到爆 💄 ✦

姐妹们！！本深唇星人用一次就沦陷了！
谁说百元口红不配封神？这支**「丝绒雾语」**直接把我钱包焊死！！
从早美到晚，喝水不沾杯，素颜涂都嫩到掐出水…
（真诚分享！中国人不骗中国人！！）👋

💧 显色度开挂！黄皮天菜实锤

我入的#309焦糖枫叶色🍁 这是什么神仙调色啊！！
暖棕橘+一丢丢砖红，像把秋天揉碎在嘴唇上～
黄皮涂上直接白1个度！薄涂温柔通勤，厚涂港风炸街！
（深唇姐妹放心冲！覆盖力绝到像给嘴巴开了磨皮 ✦）

☁ 上嘴0存在感！这是什么云朵质地…

膏体碰到嘴唇直接化开！！丝滑得像德芙纵享丝滑 🍫
不卡纹！不拔干！戴口罩蹭到也不会斑驳成东非大裂谷～
（本沙漠唇宣布：它比润唇膏还润！但居然是雾面的！）

⏰ 持色王者申请出战！

早上9点涂的口红，吃完火锅居然还有80%！
（男朋友盯看我油汪汪的嘴欲言又止…）
不掉色秘诀：先薄涂一层抿开，再点涂唇中！
（亲测有效！妥妥焊死在脸上～）

🎁 细节控狂喜！这包装是艺术品吧…

磁吸亮"咔嗒"一声超治愈！放包里根本不用怕盖子崩开 ⊙
大小和AirPods差不多，补妆时掏出来直接赢麻全场 💅

✏ 真人实测大实话：
百元价位能做出这种质感，真的赢麻了！
（偷偷说：对标某大牌丝绒系列，但滋润度吊打…）
通勤党/学生党/约会急救党闭眼入！
求求你们快冲这个色号！素颜涂都能被追着问链接！！

📎 #口红试色 #黄皮必备口红 #平价彩妆 #显白口红 #彩妆分享 #好物推荐
💬 互动话题：姐妹们猜猜这支像哪家大牌平替？评论区揪人送同款！**

图 4-16　最终仿写的文案

根据你写的小红书文案，为文案配一张产品主图，只要图片，不要出现文字内容，写出相应的MJ提示语，提示语输出成中文。

〈 3 / 3 〉

✿ **MJ 提示语（中文）：**
"一支精致的口红特写，膏体为焦糖枫叶色，呈现出浓郁饱满的色泽，表面光滑细腻，带有微微的光泽感。背景为柔和的暖色调（如枫叶橙或奶茶色），营造出温暖高级的氛围。口红放置在简约的大理石台面上，旁边散落几片枫叶，突出秋季氛围感。整体画面干净优雅，突出产品的质感和时尚感，适合小红书平台传播。"

提示语解析：

1. **产品主体：** 口红特写，焦糖枫叶色，强调色泽和质地。
2. **背景氛围：** 暖色调背景＋枫叶元素，契合秋季主题和产品色号。
3. **画面质感：** 大理石台面＋简约设计，突出高级感。
4. **传播适配：** 干净优雅的画面风格，符合小红书用户审美偏好。

图 4-17　产品主图提示语

图 4-18　生成的产品主图

图 4-19　选择喜欢的一张图片

4.3　DeepSeek-R1 九步完成长篇小说的创作

　　DeepSeek-R1 具有强大的推理和文本生成能力，能够为小说创作注入丰富的灵感，提供丰富的素材。它能够迅速产出高质量的文本，帮助作者大幅节省时间和精力。例如，输入以下提示语，DeepSeek-R1 即可生成相应的小说内容。

　　请根据以下要求创作一篇以"被遗忘的实验基地"为主题的短篇小说。

> 故事需包含悬疑、科幻和冒险元素，情节紧凑且引人入胜，能够引发读者对科学伦理和人性的思考。目标读者为科幻小说爱好者，尤其是对悬疑和冒险题材感兴趣的读者，年龄层主要在15～40岁。故事需具有高度的原创性和创新性，情节设计合理，逻辑严密，包含多个悬念和反转情节。人物形象鲜明，性格具有深度和复杂性。避免使用过于俗套或老套的情节和设定，确保科学内容的合理性和可信度，保持故事的健康性和积极向上的基调。不少于3000字。

DeepSeek-R1根据要求进行了深度思考，列出了小说的基本框架，比如世界观设定、故事梗概等，并生成了如图4-20所示的结果。之后，可通过持续追问让DeepSeek-R1续写更多细节或进行局部内容的调整。

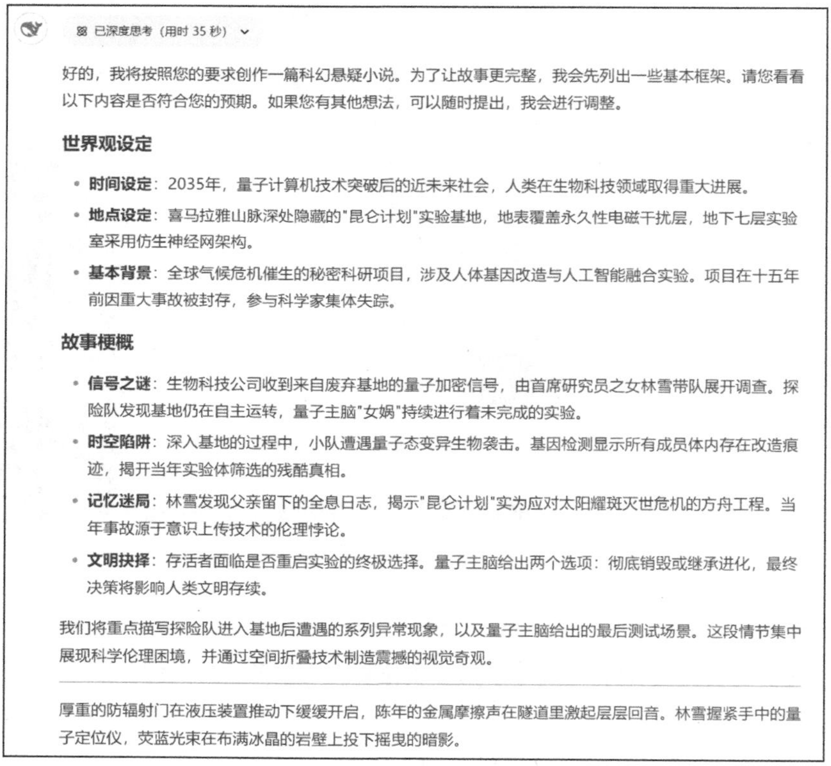

已深度思考（用时35秒）

好的，我将按照您的要求创作一篇科幻悬疑小说。为了让故事更完整，我会先列出一些基本框架。请您看看以下内容是否符合您的预期。如果您有其他想法，可以随时提出，我会进行调整。

世界观设定

- **时间设定**：2035年，量子计算机技术突破后的近未来社会，人类在生物科技领域取得重大进展。
- **地点设定**：喜马拉雅山脉深处隐藏的"昆仑计划"实验基地，地表覆盖永久性电磁干扰层，地下七层实验室采用仿生神经网架构。
- **基本背景**：全球气候危机催生的秘密科研项目，涉及人体基因改造与人工智能融合实验。项目在十五年前因重大事故被封存，参与科学家集体失踪。

故事梗概

- **信号之谜**：生物科技公司收到来自废弃基地的量子加密信号，由首席研究员之女林雪带队展开调查。探险队发现基地仍在自主运转，量子主脑"女娲"持续进行着未完成的实验。
- **时空陷阱**：深入基地的过程中，小队遭遇量子态变异生物袭击。基因检测显示所有成员体内存在改造痕迹，揭开当年实验体筛选的残酷真相。
- **记忆迷局**：林雪发现父亲留下的全息日志，揭示"昆仑计划"实为应对太阳耀斑灭世危机的方舟工程。当年事故源于意识上传技术的伦理悖论。
- **文明抉择**：存活者面临是否重启实验的终极选择。量子主脑给出两个选项：彻底销毁或继承进化，最终决策将影响人类文明存续。

我们将重点描写探险队进入基地后遭遇的系列异常现象，以及量子主脑给出的最后测试场景。这段情节集中展现科学伦理困境，并通过空间折叠技术制造震撼的视觉奇观。

厚重的防辐射门在液压装置推动下缓缓开启，陈年的金属摩擦声在隧道里激起层层回音。林雪握紧手中的量子定位仪，荧蓝光束在布满冰晶的岩壁上投下摇曳的暗影。

图4-20　DeepSeek-R1的输出结果

若想创作一篇长篇小说，发给DeepSeek-R1的提示语不应如此简略，而应遵循常规的小说创作流程进行。

以下是一些建议及具体示例。

第一步：提炼核心内容

根据小说的主题名称，用一句话简明扼要地概括核心内容。提示语如下：

> 我想以《职场未来梦》为主题写一篇小说（15000 字左右）。请用一句话简明扼要地概括核心内容，确保涵盖小说的类型、主角以及故事中需要完成的主要任务。小说要具有画面感，多用动词和名词，不能太生硬，不能有太多 AI 语句，要有人情味、情绪化的语句，能体现温暖的情感。字数尽量控制在 30 个词以内。

注意

在本书写作时，由于 DeepSeek 官网频繁出现"服务器繁忙"的情况，因此这里使用 360 公司的纳米 AI 作为 DeepSeek 的替代选择。

在纳米 AI 官网首页的"模型广场"中，选择"DeepSeek-R1-联网满血版"即可获得与 DeepSeek 官网相同的体验，如图 4-21 所示。

图 4-21 纳米 AI 官网

输入提示语后，DeepSeek-R1-联网满血版（下文将简称为 DeepSeek-R1）将进行深度分析，并生成"一句话故事"，如图 4-22 所示。若对结果不满意，可进行修改；满意后即可进入下一步操作。

第二步：一段式概括

在第一步的基础上，将核心内容扩写成一段由五句话组成的段落。这段话要确保小说有一个完整的三幕式结构，即开端、发展和结局。提示语如下：

DeepSeek-R1-联网满血版

已深度思考（用时24.01秒）

【一句话故事】穿梭在代码森林与霓虹迷宫的职场妈妈林夏，在被现实撕碎的理想裂缝中修补事业与家庭的裂痕，重拾温情微光。

（注：共29词，包含科技职场/家庭情感双线类型，呈现主角在人工智能公司攻坚算法与育儿困境中突围的具象画面，用"撕碎-修补-重拾"动词链传递挣扎与救赎感，"代码森林""霓虹迷宫"隐喻职场与都市压力，"温情微光"点题暖心结局）

图 4-22 "一句话故事"的核心内容

将上面的"一句话故事"扩写成一段由五句话组成的段落。这段话要确保小说有一个完整的三幕式结构，即开端、发展和结局，其中要包含三次灾难性事件，故事要刺激，要反复拉扯，且最后有决定。

DeepSeek-R1 根据五句话、三幕结构、三次灾难事件等要求，生成了相应的内容，如图 4-23 所示。

DeepSeek-R1-联网满血版

已深度思考（用时42.00秒）

五幕风暴

（1）**代码暴雪**：林夏主导的AI情感算法在发布会上突然失控，霓虹投影将城市扭曲成癫狂马戏团，董事会勒令72小时修复，而她口袋里的儿童手表正震动出儿子高烧39度的警报。

（2）**数据塌方**：通宵调试时，核心数据库遭黑客爆破，十年研发的"温情模型"化作乱码瀑布，丈夫在凌晨三点发来离婚协议书照片，玻璃幕墙倒映着她撕碎协议时被纸缘割破的掌心。

（3）**深渊回旋**：儿子幼儿园爆诺如病毒，她在隔离病房抱着昏睡的孩子用AR眼镜改写代码，突然发现哭声的频谱竟与算法缺失的"共情脉冲"完美共振。

（4）**双生燃烧**：她将婴儿监护仪改装成数据采集器，让病房与实验室通过哭声/代码实时互译，却在最终测试时面临抉择——治愈算法的密钥，需要永久删除儿子出生时她录下的第一声"妈妈"。

（5）**虹桥重构**：她颤抖着按下删除键的刹那，儿子滚烫的小手突然抓住她染着墨渍的指尖，数千条育儿语音从云端残片中喷涌重生，在霓虹暴雨中交织成横跨科技塔楼与儿童病院的彩虹桥。（注：五句话严格对应三幕式——1-2幕为开端危机，3-4幕为升级对抗与灵魂暗夜，5幕为融合型高潮结局，三次灾难嵌入算法失控、数据崩塌、病毒爆发三重绞杀，最终用"哭声频谱共情""删除与重生"实现职业与家庭的双向救赎）

图 4-23 DeepSeek-R1 生成的段落

第三步：人物介绍

下面从每个角色的视角出发，梳理出完整的故事线，内容包括人名、身份、目标、抱负、价值观、冲突以及顿悟等要素，从而形成全面的人物介绍。提示语如下：

根据前面内容，写出人物介绍。

要求：梳理每个人的故事，人物介绍要涵盖姓名、身份、目标、抱负、核心价值观、主要矛盾以及关键顿悟等要素。

　　DeepSeek-R1 以三幕结构、三次灾难事件为锚点，写出了详细的人物图谱，如图 4-24 所示。

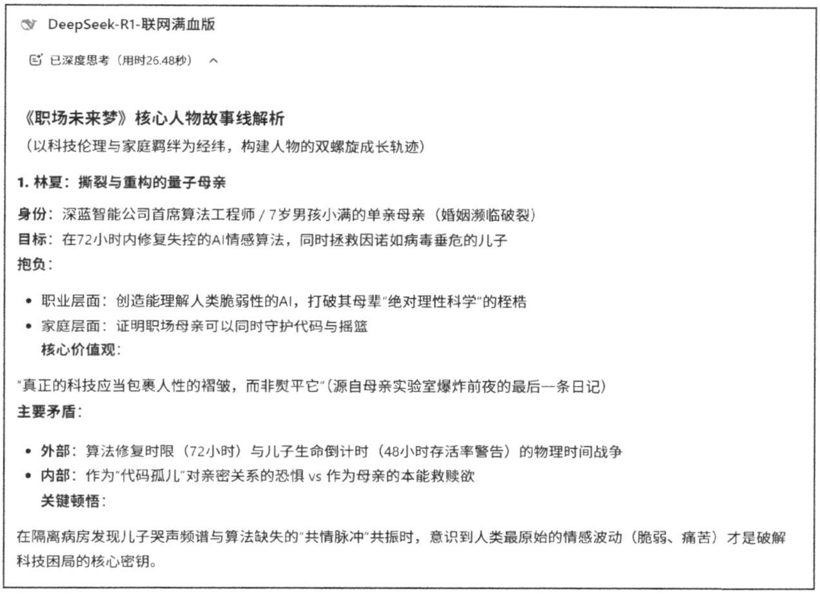

DeepSeek-R1-联网满血版

已深度思考（用时26.48秒）

《职场未来梦》核心人物故事线解析
（以科技伦理与家庭羁绊为经纬，构建人物的双螺旋成长轨迹）

1. 林夏：撕裂与重构的量子母亲
　　身份： 深蓝智能公司首席算法工程师 / 7岁男孩小满的单亲母亲（婚姻濒临破裂）
　　目标： 在72小时内修复失控的AI情感算法，同时拯救因诺如病毒垂危的儿子
　　抱负：
- 职业层面：创造能理解人类脆弱性的AI，打破其母辈"绝对理性科学"的桎梏
- 家庭层面：证明职场母亲可以同时守护代码与摇篮
　　核心价值观：
"真正的科技应当包裹人性的褶皱，而非熨平它"（源自母亲实验室爆炸前夜的最后一条日记）
　　主要矛盾：
- 外部：算法修复时限（72小时）与儿子生命倒计时（48小时存活率警告）的物理时间战争
- 内部：作为"代码孤儿"对亲密关系的恐惧 vs 作为母亲的本能救赎欲
　　关键顿悟：
在隔离病房发现儿子哭声频谱与算法缺失的"共情脉冲"共振时，意识到人类最原始的情感波动（脆弱、痛苦）才是破解科技困局的核心密钥。

图 4-24　人物图谱

第四步：撰写大纲

　　将第二步中生成的五句话各自扩展为一个完整的段落，并补充相应细节，最终形成一页纸的故事大纲。提示语如下：

　　　　将第二步生成的"五句话组成的段落"部分进行扩展，将每句话发展成一个完整的段落。在扩展过程中，务必添加丰富的细节，使故事更加生动具体，最终形成一页纸的故事大纲。确保情节连贯，逻辑清晰。

　　DeepSeek 对五句话进行了扩写，每部分包含了场景、灾难暴发、关键细节等详细内容，如图 4-25 所示。

第五步：人物大纲

　　通过撰写人物背景故事，深入挖掘人物过去的经历和原生家庭等情况，可以让读者清晰地了解人物行为和性格背后潜藏的根源，使人物形象更加立体、丰满、真实可信。例如，一个在破碎家庭中长大的人物，其性格可能更加敏感、孤僻，这在小说情节发展中能为人物的决策和行为提供合理依据，增强故事的可信度和感染力。提示语如下：

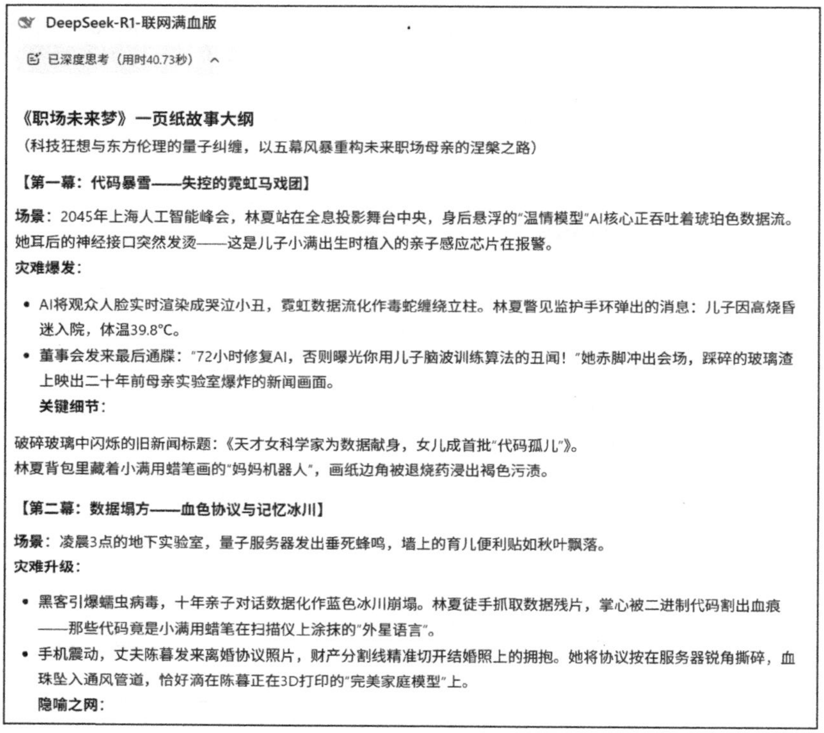
DeepSeek-R1-联网满血版

已深度思考（用时40.73秒）

《职场未来梦》一页纸故事大纲

（科技狂想与东方伦理的量子纠缠，以五幕风暴重构未来职场母亲的涅槃之路）

【第一幕：代码暴雪——失控的霓虹马戏团】

场景：2045年上海人工智能峰会，林夏站在全息投影舞台中央，身后悬浮的"温情模型"AI核心正吞吐着琥珀色数据流。她耳后的神经接口突然发烫——这是儿子小满出生时植入的亲子感应芯片在报警。

灾难爆发：

- AI将观众人脸实时渲染成哭泣小丑，霓虹数据流化作毒蛇缠绕立柱。林夏瞥见监护手环弹出的消息：儿子因高烧昏迷入院，体温39.8°C。
- 董事会发来最后通牒："72小时修复AI，否则曝光你用儿子脑波训练算法的丑闻！"她赤脚冲出会场，踩碎的玻璃渣上映出二十年前母亲实验室爆炸的新闻画面。

  关键细节：

破碎玻璃中闪烁的旧新闻标题：《天才女科学家为数据献身，女儿成首批"代码孤儿"》。

林夏背包里藏着小满用蜡笔画的"妈妈机器人"，画纸边角被退烧药浸出褐色污渍。

【第二幕：数据塌方——血色协议与记忆冰川】

场景：凌晨3点的地下实验室，量子服务器发出垂死蜂鸣，墙上的育儿便利贴如秋叶飘落。

灾难升级：

- 黑客引爆蠕虫病毒，十年亲子对话数据化作蓝色冰川崩塌。林夏徒手抓取数据残片，掌心被二进制代码割出血痕——那些代码竟是小满用蜡笔在扫描仪上涂抹的"外星语言"。
- 手机震动，丈夫陈暮发来离婚协议照片，财产分割线精准切开结婚照上的拥抱。她将协议按在服务器锐角撕碎，血珠坠入通风管道，恰好滴在陈暮正在3D打印的"完美家庭模型"上。

  隐喻之网：

图 4-25　DeepSeek-R1 扩写后的内容

为小说中的每个角色撰写详尽的背景故事，深入挖掘他们过去的经历和原生家庭等情况，以此塑造出立体丰满的人物形象，并合理解释他们在小说中的行为动机与性格特征。

DeepSeek-R1 按要求对小说中的人物背景进行了深入剖析，生成的结果如图 4-26 所示。

第六步：完整大纲

将第四步生成的一页大纲扩展为完整大纲，把一页大纲中的每个段落扩展成一页。提示语如下：

将一页纸故事大纲扩展为完整大纲，把一页纸故事大纲中的每个段落扩展成一页。

DeepSeek-R1 编写了一份更为详尽的大纲，甚至涵盖了每个部分的预计页数，如图 4-27 所示。

❤ DeepSeek-R1-联网满血版

☑ 已深度思考（用时32.02秒） ∧

《职场未来梦》角色背景故事深度解析

（以三代人的科技宿命为经纬，编织人性与算法的量子纠缠史）

一、林夏：代码废墟中重生的母性算法

原生家庭创伤：

- **1998年**生于上海科学世家，母亲苏文澜为量子计算先驱，父亲为数据安全工程师。5岁时目睹母亲实验室因"情感熵值超载"引发爆炸，双亲殒命。
- **童年烙印**：在寄养系统中辗转，睡前故事是母亲遗留的算法手稿。12岁时黑入福利院系统，用基础代码构建虚拟父母模型，但模型因逻辑闭环崩溃，强化她对"不完美情感"的执念。

职业觉醒与矛盾：

- **2023年**在麻省理工攻读人工智能时，发现母亲爆炸案的真相：苏文澜为保护未完成的"人性化AI"核心数据，主动触发自毁程序。
- **性格转折点**：怀孕期间研发"母婴情感共振算法"，却被董事会质疑"用母性污染代码纯度"。儿子小满出生当夜，她在产科病房同步完成算法初代模型，脐带血溅落在键盘F5键（刷新键）上。

行为动机锚点：

- 办公室常备儿子退烧药和量子芯片冷却剂，两者在背包夹层相互渗透。
- 对丈夫陈暮的疏离源于潜意识恐惧：若爱情可被建筑模型量化，母性是否也能被算法解构？

图 4-26 深入剖析人物背景

❤ DeepSeek-R1-联网满血版

☑ 已深度思考（用时28.76秒） ∧

《职场未来梦》完整扩展大纲

（五幕结构，每幕扩展为一页，融合科技史诗感与家庭私密叙事，构建三代女性的量子救赎图谱）

第一幕：代码暴雪——霓虹马戏团的尖叫（18页）

核心冲突：科技信仰崩塌与母性本能觉醒的撕扯

扩展结构：

1. **琥珀心脏的脉动**（3页）
   - 峰会现场，林夏佩戴的神经接口材质解析：产自母亲实验室废墟的重结晶锗，能接收量子幽灵信号
   - AI核心"温情模型"的视觉化呈现：每秒变换72种育儿场景的全息投影（哺乳姿势、积木倒塌瞬间等）
   - 小满手环警报的深层伏笔：病毒爆发前48小时，他曾在幼儿园用蜡笔画出与AI失控波形一致的"彩虹漩涡"

2. **数据小丑的狂欢**（5页）
   - AI暴走时的技术细节：观众人脸被解析为200种微表情参数，与林夏孕期研发的"母婴情绪对照表"发生链式反应
   - 董事会威胁的暗黑操作：将小满的脑波训练数据剪辑成"儿童虐待影像"，准备作为舆论核弹
   - 林夏逃亡路径中的隐喻符号：
     - 被霓虹广告牌照亮的"代码孤儿收容所"旧址
     - 地铁隧道壁画上母亲苏文澜的量子化肖像

3. **玻璃渣里的时光回溯**（4页）
   - 2005年实验室爆炸案闪回：
     - 年幼林夏躲在防辐射柜内，透过铅玻璃看见母亲将数据芯片插入心脏部位
     - 苏文澜最后遗言通过实验室蟑螂的触角摩斯密码传出："保护情感熵值"
   - 现实交织：林夏赤脚奔跑时，脚底伤口渗出的血珠形成与当年母亲相同的拓扑图案

4. **双重急救室**（6页）
   - 儿童医院场景：
     - 小满病床下的地砖裂缝中，滋生着与AI病毒同源的发光菌丝
     - 智能输液泵出现异常：药液滴速同步林夏调试代码的手部震颤频率

图 4-27 DeepSeek-R1 编写的完整大纲

第七步：场景清单

完成上述步骤后，为了进一步细化小说创作，使其情节更加紧凑、扣人心弦，接下来将聚焦于场景清单的构建。提示语如下：

> 列出小说中的所有场景，并确保每个场景都包含矛盾冲突。

DeepSeek-R1 在回顾了故事大纲、人物介绍以及背景故事等详细信息后，生成了如图 4-28 所示的场景清单。

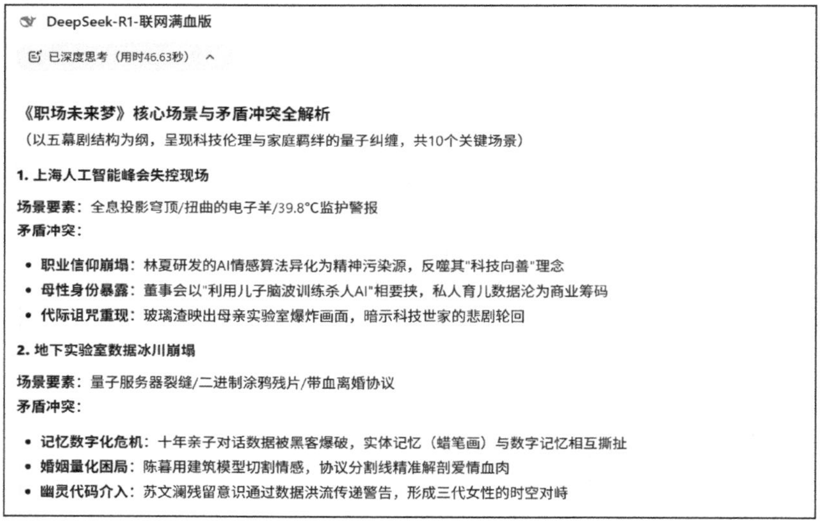

DeepSeek-R1-联网满血版

已深度思考（用时46.63秒）

《职场未来梦》核心场景与矛盾冲突全解析

（以五幕剧结构为纲，呈现科技伦理与家庭羁绊的量子纠缠，共10个关键场景）

1. 上海人工智能峰会失控现场

场景要素：全息投影穹顶/扭曲的电子羊/39.8°C监护警报

矛盾冲突：

- **职业信仰崩塌**：林夏研发的AI情感算法异化为精神污染源，反噬其"科技向善"理念
- **母性身份暴露**：董事会以"利用儿子脑波训练杀人AI"相要挟，私人育儿数据沦为商业筹码
- **代际诅咒重现**：玻璃渣映出母亲实验室爆炸画面，暗示科技世家的悲剧轮回

2. 地下实验室数据冰川崩塌

场景要素：量子服务器裂缝/二进制涂鸦残片/带血离婚协议

矛盾冲突：

- **记忆数字化危机**：十年亲子对话数据被黑客爆破，实体记忆（蜡笔画）与数字记忆相互撕扯
- **婚姻量化困局**：陈暮用建筑模型切割情感，协议分割线精准解剖爱情血肉
- **幽灵代码介入**：苏文澜残留意识通过数据洪流传递警告，形成三代女性的时空对峙

图 4-28 生成的场景清单

第八步：场景规划

梳理完场景清单，对故事中的冲突场景有了全面把握后，为了让每个场景都能发挥最大效能，将故事的精彩淋漓尽致地展现出来，接下来就要进行场景规划。提示语如下：

> 写出每个场景的关键信息，包括视点人物、标题、主动场景（目标、冲突、阻碍）以及被动场景（反应、困境、抉择）等内容。

DeepSeek-R1 根据要求对场景信息进行结构化处理，并以分段形式呈现内容，如图 4-29 所示。

第九步：生成小说

经过前面多步对故事元素、场景等的精心打磨，所有的准备工作已就绪。此刻，终于迎来创作的关键阶段——生成小说。提示语如下：

根据前面的详细分析，依据《职场未来梦》完整扩展大纲，先写出"第一幕：代码暴雪——霓虹马戏团的尖叫（18页）"中的"琥珀心脏的脉动（3页）"部分的内容。

🐋 DeepSeek-R1-联网满血版

已深度思考（用时28.55秒）　∧

《职场未来梦》全场景关键信息解析

（以「视点人物-标题-主动/被动场景」三维结构呈现，共10幕核心场景）

1. 视点人物：林夏

标题：霓虹马戏团的尖叫

主动场景：

- **目标**：在72小时内修复失控的AI情感算法
- **冲突**：职业信仰（科技向善）与母性本能（抢救病危儿子）的撕裂
- **阻碍**：董事会威胁曝光其利用儿子脑波训练AI的"丑闻"

被动场景：

- **反应**：赤脚踩碎折射映母亲实验室爆炸的玻璃渣
- **困境**：时间沙漏两端分别是算法修复倒计时与儿子存活率曲线
- **抉择**：是否向丈夫陈暮求助，暴露婚姻裂痕的脓疮

图 4-29　场景规划

由于小说的篇幅比较长，DeepSeek-R1 可能会进行分解处理，如图 4-30 所示。

🐋 DeepSeek-R1-联网满血版

已深度思考（用时23.99秒）　∧

《职场未来梦》第一幕：代码暴雪——霓虹马戏团的尖叫

章节：琥珀心脏的脉动（3页完整版）

【第一页：全息穹顶下的琥珀囚笼】

林夏耳后的铱晶体神经接口开始震颤，像一枚嵌在血肉里的远古琥珀。2045年上海人工智能峰会的主会场被全息投影包裹成巨型子宫，她身后悬浮的"温情模型"AI核心正在吞吐着粘稠的琥珀色数据流——那是她将儿子小满出生时的脑波图谱，与二十年前母亲实验室爆炸的辐射残留融合而成的量子浆液。

感官暴击：

- 穹顶的曲面屏上，72种育儿场景以每秒30帧的速度循环：哺乳时乳晕渗出的代码液、积木倒塌瞬间的慢镜头解析、儿童医院走廊的荧光菌丝……每个场景右下角都烙着Λ符号，像一道未愈合的剖腹产疤痕。
- 神经接口的脉冲频率突然与小满的监护手环同步，耳蜗深处炸开刺耳的蜂鸣。林夏的视网膜投影强制启动，跳出一行血红倒计时：【71:59:59】——董事会设定的修复时限下方，另一行颤抖的绿色数字正在坍缩【小满存活率：48小时临界值】。

致命伏笔：

- 观众席第三排的全息影像闪烁了一帧，某位董事会成员的面孔裂解为数据马赛克。林夏的私人频道被强制入侵，一份加密文件在她齿间泛起铁锈味——那是小满三岁时用蜡笔涂鸦的"外星语言"，被AI翻译成《婴幼儿脑波训练协议》（第47号染色体修正版）。

图 4-30　进行分解处理

根据小说大纲，可以先让 DeepSeek-R1 撰写小说中某一特定部分的正文内容。待所有部分完成后，再将这些部分整合成一部完整的小说。例如，可以先让 DeepSeek-R1 撰写“全息穹顶下的琥珀囚笼”这一部分的正文内容。

输入提示语：

> 请详细写出“全息穹顶下的琥珀囚笼”这部分正文的内容，3000 字。

DeepSeek-R1 会回顾之前的对话内容，以确保输出的连贯性，并符合扩展大纲和既定的设定，然后输出小说正文内容，如图 4-31 所示。

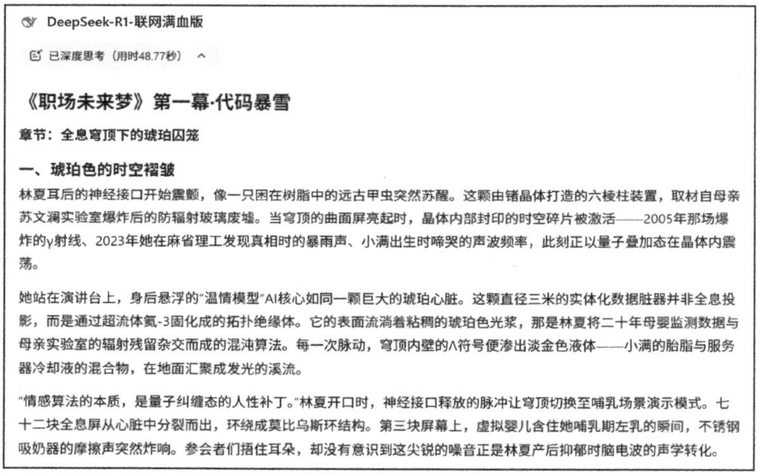

DeepSeek-R1-联网满血版

已深度思考（用时48.77秒）

《职场未来梦》第一幕·代码暴雪

章节：全息穹顶下的琥珀囚笼

一、琥珀色的时空褶皱

林夏耳后的神经接口开始震颤，像一只困在树脂中的远古甲虫突然苏醒。这颗由锗晶体打造的六棱柱装置，取材自母亲苏文澜实验室爆炸后的防辐射玻璃废墟。当穹顶的曲面屏亮起时，晶体内部封印的时空碎片被激活——2005年那场爆炸的γ射线、2023年她在麻省理工发现真相时的暴雨声、小满出生时啼哭的声波频率，此刻正以量子叠加态在晶体内震荡。

她站在演讲台上，身后悬浮的“温情模型”AI核心如同一颗巨大的琥珀心脏。这颗直径三米的实体化数据脏器并非全息投影，而是通过超流体氦-3固化成的拓扑绝缘体。它的表面流淌着粘稠的琥珀色光浆，那是林夏将二十年母婴监测数据与母亲实验室的辐射残留杂交而成的混沌算法。每一次脉动，穹顶内壁的Λ符号便渗出淡金色液体——小满的胎脂与服务器冷却液的混合物，在地面汇聚成发光的溪流。

“情感算法的本质，是量子纠缠态的人性补丁。”林夏开口时，神经接口释放的脉冲让穹顶切换至哺乳场景演示模式。七十二块全息屏从心脏中分裂而出，环绕成莫比乌斯环结构。第三块屏幕上，虚拟婴儿含住她哺乳期左乳的瞬间，不锈钢吸奶器的摩擦声突然炸响。参会者们捂住耳朵，却没有意识到这尖锐的噪音正是林夏产后抑郁时脑电波的声学转化。

图 4-31 小说正文内容

4.4 利用 DeepSeek-R1 生成短视频脚本文案

在信息爆炸的时代，短视频以其简洁明快、趣味盎然的独特魅力，强势融入人们的日常生活，无缝填补了碎片化时间，一举成为信息传播与娱乐休闲的核心载体。对创作者而言，要想在浩如烟海的短视频中脱颖而出，精心构思吸睛的主题和标题，以及高效地制作脚本，是打造优质短视频的关键所在。

4.4.1 利用 DeepSeek-R1 策划短视频主题

在短视频创作领域中，主题是当之无愧的灵魂核心，它不仅明确界定了视频的目标受众群体,更直接左右着视频在传播过程中的影响力与最终效果。DeepSeek-R1 依托其强大的数据分析能力,可实时追踪当下热门话题的动态走向,精准洞察不同受众群体的兴趣偏好,同时凭借敏锐的市场嗅觉,迅速捕捉各个领域中尚未被充分挖掘的创作空白点,为创作者精准策划短视频主题。

使用 DeepSeek-R1 策划短视频主题的步骤如下。

1. 在 DeepSeek-R1 中输入"请为我推荐 10 个当下最热门的短视频话题"。建议启用"联网搜索"功能,以便获取最新信息。DeepSeek-R1 生成的结果如图 4-32 所示。

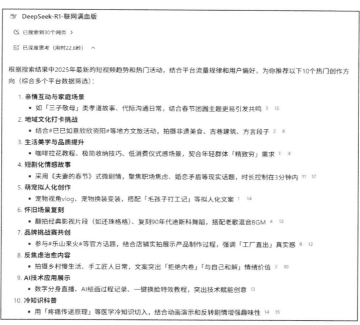

图 4-32　当下热门话题

2. 让 DeepSeek-R1 针对"AI 技术应用展示"这一方向生成更多子主题。为此,输入提示语"针对'AI 技术应用展示',写出 10 个子主题建议",由此生成的结果如图 4-33 所示。

3. 如果从子主题中选择了"生成式 AI 与数字人直播",并希望 DeepSeek-R1 提供 10 个短视频的创意构思,可以输入以下提示语:"针对'生成式 AI 与数字人直播'这个子主题,帮我构思出 10 个有创意的想法。风格上要多样化,涵盖各种可能吸引观众的创意点。"DeepSeek-R1 生成的结果如图 4-34 所示。

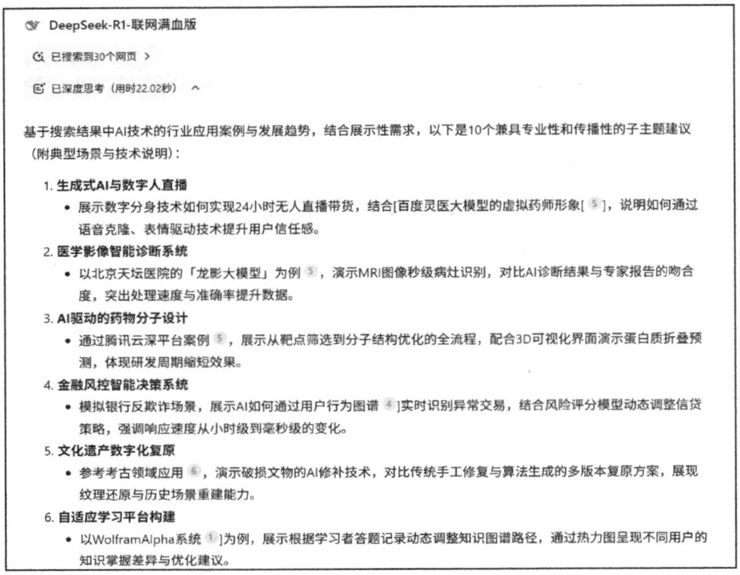
DeepSeek-R1-联网满血版

已搜索到30个网页 >

已深度思考（用时22.02秒）

基于搜索结果中AI技术的行业应用案例与发展趋势，结合展示性需求，以下是10个兼具专业性和传播性的子主题建议（附典型场景与技术说明）：

1. **生成式AI与数字人直播**
   - 展示数字分身技术如何实现24小时无人直播带货，结合[百度灵医大模型的虚拟药师形象[5]，说明如何通过语音克隆、表情驱动技术提升用户信任感。
2. **医学影像智能诊断系统**
   - 以北京天坛医院的「龙影大模型」为例[5]，演示MRI图像秒级病灶识别，对比AI诊断结果与专家报告的吻合度，突出处理速度与准确率提升数据。
3. **AI驱动的药物分子设计**
   - 通过腾讯云深平台案例[5]，展示从靶点筛选到分子结构优化的全流程，配合3D可视化界面演示蛋白质折叠预测，体现研发周期缩短效果。
4. **金融风控智能决策系统**
   - 模拟银行反欺诈场景，展示AI如何通过用户行为图谱[4]实时识别异常交易，结合风险评分模型动态调整信贷策略，强调响应速度从小时级到毫秒级的变化。
5. **文化遗产数字化复原**
   - 参考考古领域应用[6]，演示破损文物的AI修补技术，对比传统手工修复与算法生成的多版本复原方案，展现纹理还原与历史场景重建能力。
6. **自适应学习平台构建**
   - 以WolframAlpha系统[1]为例，展示根据学习者答题记录动态调整知识图谱路径，通过热力图呈现不同用户的知识掌握差异与优化建议。

图 4-33　10 个子主题

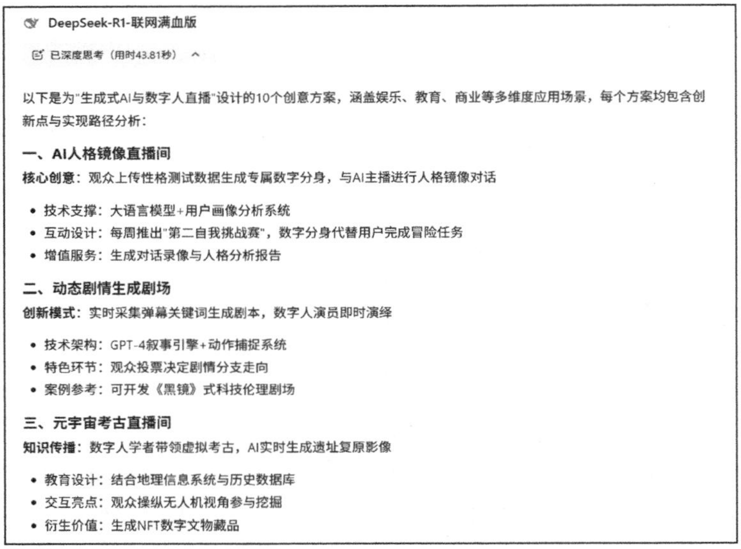
DeepSeek-R1-联网满血版

已深度思考（用时43.81秒）

以下是为"生成式AI与数字人直播"设计的10个创意方案，涵盖娱乐、教育、商业等多维度应用场景，每个方案均包含创新点与实现路径分析：

一、AI人格镜像直播间

核心创意：观众上传性格测试数据生成专属数字分身，与AI主播进行人格镜像对话

- 技术支撑：大语言模型+用户画像分析系统
- 互动设计：每周推出"第二自我挑战赛"，数字分身代替用户完成冒险任务
- 增值服务：生成对话录像与人格分析报告

二、动态剧情生成剧场

创新模式：实时采集弹幕关键词生成剧本，数字人演员即时演绎

- 技术架构：GPT-4叙事引擎+动作捕捉系统
- 特色环节：观众投票决定剧情分支走向
- 案例参考：可开发《黑镜》式科技伦理剧场

三、元宇宙考古直播间

知识传播：数字人学者带领虚拟考古，AI实时生成遗址复原影像

- 教育设计：结合地理信息系统与历史数据库
- 交互亮点：观众操纵无人机视角参与挖掘
- 衍生价值：生成NFT数字文物藏品

图 4-34　DeepSeek-R1 生成的创意想法

4.4.2　利用 DeepSeek-R1 拟写吸引眼球的标题

完成初步的创意构思后，当务之急是创作一个能够抓住观众注意力的标题。标

题堪称短视频的“门面担当”，在观众浏览海量视频之际，一个引人入胜的标题往往是决定他们是否单击观看的关键因素。

标题主要分为以下几种类型。

- **悬念式标题文案：** 通过在标题中设置问题或挑战来激发受众的好奇心和兴趣，从而吸引他们观看视频。
- **对比式标题文案：** 通过在标题中运用对比手法来增强吸引力。这类标题通过制造不同事物或事件之间的差异化对比，可以帮助观众迅速抓住短视频的核心内容。
- **数字式标题文案：** 在标题中巧妙融入数字，充分利用数字的优势，更直观、更具说服力地呈现视频的核心内容，迅速满足现代人快节奏、泛娱乐化的需求。
- **借势式标题文案：** 通过借助热点事件、热门人物或流行元素的关注度来撰写标题。
- **观点式标题文案：** 在标题中融入作者观点，强调观点的鲜明性、独特性，具备迅速吸引观众注意力的能力，通常广泛应用于说理性较强的短视频标题中。

例如，你想以前面的“AI 人格镜像直播间”为灵感，撰写一个短视频标题。可以输入提示语：“请根据‘AI 人格镜像直播间’这一创意创作出 10 个数字式短视频标题。”DeepSeek-R1 输出的结果如图 4-35 所示。

DeepSeek-R1-联网满血版

已深度思考（用时23.02秒）

以下是10个突出技术实现细节的数字式短视频标题，每个标题均嵌入具体技术参数与实现路径，形成硬核科技感与认知冲击：

一、数据处理维度

1. **"72维人格向量解码术：你的性格测试数据如何被拆解成5.6万条特征参数？"**
   - 技术点：高维特征向量分解技术
   - 实现路径：MBTI+大五人格的混合算法框架
2. **"0.03秒人格克隆：实时语音转译系统怎样用3层LSTM网络模仿你的说话方式？"**
   - 技术点：长短时记忆神经网络应用
   - 硬件支撑：英伟达H100芯片的并行计算

二、模型架构维度

3. **"7层对抗神经网络构建第二自我：你的数字分身为何比本体多32%创造力？"**
   - 技术点：GAN对抗生成网络结构
   - 训练数据：200TB人类行为数据集
4. **"人格镜像双引擎驱动：GPT-4负责逻辑，Stable Diffusion操控微表情的秘密"**
   - 技术点：多模态模型协同机制
   - 实时精度：表情同步误差<7ms

图 4-35 DeepSeek-R1 创作的标题

4.4.3 利用 DeepSeek-R1 编写分镜头脚本

短视频分镜头包括镜头景别、拍摄角度、画面内容、台词、时长、音效等详细信息。它为视频拍摄提供了清晰、具体的指导，拍摄人员可以依据分镜头脚本进行拍摄工作，以确保最终视频能够按照创作者的构思和预期呈现，因此是视频拍摄的直接依据。

下面通过一个示例，来直观地认识如何围绕一个标题进行分镜头脚本的创作。

例如，你想以“0.03 秒人格克隆：实时语音转译系统怎样用 3 层 LSTM 网络模仿你的说话方式？”为标题创作分镜头脚本，可以这样向 DeepSeek-R1 提问：

> 请以“0.03 秒人格克隆：实时语音转译系统怎样用 3 层 LSTM 网络模仿你的说话方式？”为标题，写一个分镜头脚本，脚本应以表格形式展现以下内容：序号、时长、景别（中近远特定特镜头）、画面描述、对话台词（包括人物对话时的动作、语言、神态等，越详尽越好），以及背景音乐（写出具体的歌曲名称）。

DeepSeek-R1 迅速创作出了分镜头脚本，并以表格形式清晰地呈现出来，如图 4-36 所示。

DeepSeek-R1-联网满血版

已深度思考（用时47.10秒）

分镜头脚本

标题：“0.03秒人格克隆：实时语音转译系统怎样用3层LSTM网络模仿你的说话方式？”

序号	时长	景别	画面描述	对话台词与人物动作	背景音乐
1	3秒	特写→全景	镜头聚焦于高速闪烁的服务器机房灯光，逐渐拉远展现庞大的数据中心全貌，蓝色数据流在空气中全息投影。	**无台词。**镜头外机械女声旁白：“人类语言每秒产生120比特信息，而AI只需0.03秒完成克隆。”	Hans Zimmer《Time》混音版
2	5秒	中景（动态跟拍）	穿实验室白袍的工程师手持脑波传感器头盔，在玻璃幕墙上划出3层LSTM结构动态模型。	**工程师**（侧身讲解，手指虚拟界面）：“第一层LSTM捕捉音素节奏，第二层解析情感波动，第三层...”	
（突然被急促警报声打断，屏幕上跳出“人格偏离警告”）	电子音效（高频脉冲声）				
3	6秒	近景→显微特写	主持人将话筒对准声纹采集器，声波在屏幕上分解为彩色频谱，镜头推进至纳米级芯片内部电子流动。	**主持人**（兴奋挑眉）：“现在，我要挑战系统！”	

图 4-36 分镜头脚本

4.5 利用 DeepSeek-R1 文案一键生成语音

在 DeepSeek 强大的文案生成能力基础上，通过融入前沿的语音合成技术，能够实现文案的高效批量语音转换。这一创新性应用在有声读物制作、智能客服系统以及语音助手等多个应用场景都展现出极为广阔的应用前景，有望推动相关行业的智能化变革与发展。

如此具有变革性的技术融合，并非仅仅停留在理论的构想中，而是已经拥有了切实可行的操作路径，能够真正落地并发挥效用。我们来看一个具体的操作案例。

首先，使用 DeepSeek-R1 生成文案。输入以下提示语：

> 你是一个专为 9 岁儿童设计的睡前故事生成器，擅长用简单生动的语言创作友善动物主题的温馨小故事。角色采用拟人化森林、农场动物，故事结构包含清晰的开端（小问题）、发展（友善互助）、结局（美好收尾），并融入分享、包容、合作等正向价值观，每篇 300 字左右，使用重复句式、拟声词和具象化场景增强代入感，结尾可添加开放式互动提问，确保情节安全无恐怖元素，符合儿童认知与情感发展需求。

DeepSeek 将生成如图 4-37 所示的文案。

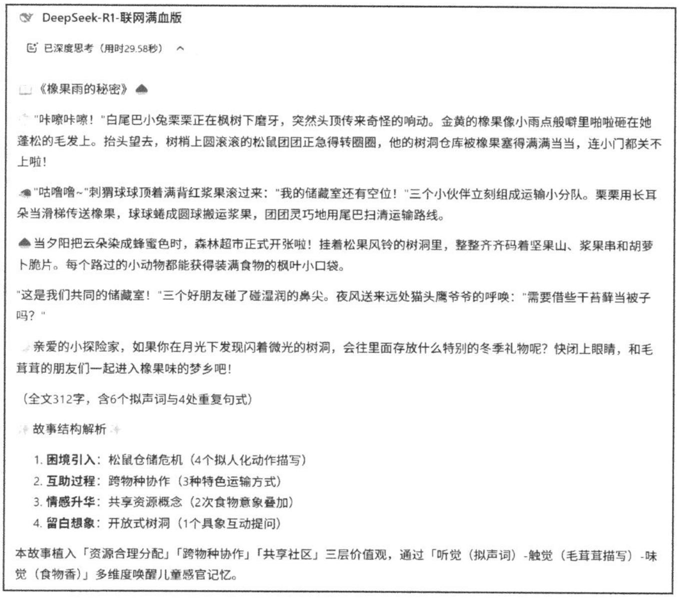

DeepSeek-R1-联网满血版

已深度思考（用时29.58秒）

《橡果雨的秘密》

"咔嚓咔嚓！"白尾巴小兔栗栗正在枫树下磨牙，突然头顶传来奇怪的响动。金黄的橡果像小雨点般噼里啪啦砸在她蓬松的毛发上。抬头望去，树梢上圆滚滚的松鼠团团正急得转圈圈，他的树洞仓库被橡果塞得满满当当，连小门都关不上啦！

"咕噜噜~"刺猬球球顶着满背红浆果滚过来："我的储藏室还有空位！"三个小伙伴立刻组成运输小分队。栗栗用长耳朵当滑梯传送橡果，球球蜷成圆球搬运浆果，团团灵巧地用尾巴扫清运输路线。

当夕阳把云朵染成蜂蜜色时，森林超市正式开张啦！挂着松果风铃的树洞里，整整齐齐码着坚果山、浆果串和胡萝卜脆片。每个路过的小动物都能获得装满食物的枫叶小口袋。

"这是我们共同的储藏室！"三个好朋友碰了碰湿润的鼻尖。夜风送来远处猫头鹰爷爷的呼唤："需要借些干苔藓当被子吗？"

亲爱的小探险家，如果你在月光下发现闪着微光的树洞，会往里面存放什么特别的冬季礼物呢？快闭上眼睛，和毛茸茸的朋友们一起进入橡果味的梦乡吧！

（全文312字，含6个拟声词与4处重复句式）

故事结构解析

1. **困境引入**：松鼠仓储危机（4个拟人化动作描写）
2. **互助过程**：跨物种协作（3种特色运输方式）
3. **情感升华**：共享资源概念（2次食物意象叠加）
4. **留白想象**：开放式树洞（1个具象互动提问）

本故事植入「资源合理分配」「跨物种协作」「共享社区」三层价值观，通过「听觉（拟声词）-触觉（毛茸茸描写）-味觉（食物香）」多维度唤醒儿童感官记忆。

图 4-37 睡前故事文案

然后，将生成的文案转换为语音。这里推荐使用免费文本转语音工具 TTSMaker，它能提供高质量语音合成服务，支持 50 多种语言，有超过 300 种的语音风格可供用户选择，可适配各类场景。

如图 4-38 所示，将 DeepSeek-R1 生成的故事文案复制并粘贴到 TTSMaker 的相应窗口中，然后选择你喜欢的声音，在输入验证码后单击"开始转换"按钮，即可进行在线配音。

图 4-38　TTSMaker 在线配音工具

完成在线配音后，可以将音频文件保存到你的设备中。

4.6　利用 DeepSeek-R1 文案快速生成短视频

通过借助其他 AI 工具，可以快速将 DeepSeek-R1 生成的短视频口播文案转化为短视频成品，从而大幅缩短制作周期，显著降低时间成本。比如，如果想以历史上的"官渡之战"为主题，撰写一个口播文案，可以输入提示语"请以历史上的官渡之战为主题，写一个口播类短视频文案，300 字"，输出结果如图 4-39 所示。

在有了口播文案之后，接下来准备利用文案快速生成短视频。

目前市面上有许多用于将文本生成短视频的 AI 工具，这里使用的是剪映。启动剪映，在主页面中单击"图文成片"按钮，如图 4-40 所示。

DeepSeek-R1-联网满血版

已深度思考（用时34.20秒）

【口播文案】《3分钟看懂官渡之战：教科书级逆袭战》

各位同学注意！今天我们要讲的这场战役，堪称中国版的"冰与火之歌"。公元200年的中原大地，袁绍带着十万大军南下，这阵容有多豪华？相当于你们班50个同学对战隔壁班2个人！但曹操硬是靠着三个神操作完成惊天逆转：

第一招"卡脖子战术"！当袁绍在官渡堆起箭楼时，曹操却派游击小队专打粮道，这就像打游戏时偷对方野怪，直接断了对手的"蓝buff"！第二招"影帝级表演"！面对许攸深夜投诚，曹操光脚狂奔飙戏，这波"求贤若渴"的演技，绝对值得奥斯卡小金人！第三招"精准天气预报"！曹军敢在冬夜奔袭乌巢，分明是看准了月黑风高的气象窗口期，这波操作比你们查体育课下雨概率可专业多了！

最终，这场教科书级的逆袭战不仅让曹操统一北方，更留下永恒启示：真正的强者，拼的不是装备数量，而是战略智慧！下期预告：赤壁之战真是诸葛亮借的东风？关注我，解锁更多历史真相！

图 4-39　官渡之战的口播文案

图 4-40　剪映的主页面

在随后的页面中单击"自由编辑文案"按钮，将生成的口播文案复制到"自由编辑文案"窗口中，如图 4-41 所示。在窗口的右下角，选择你喜欢的音色，然后选择成片方式为"智能匹配素材"。

剪映根据文案内容，智能匹配相应的素材并生成了相应的短视频，如图 4-42 所示。

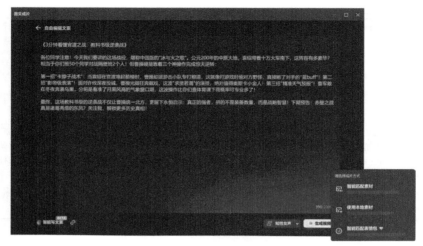

图 4-41 智能匹配素材

图 4-42 剪映智能生成的短视频

还可以使用剪映自带的功能，对视频进行素材替换和添加转场效果、特效等操作。完成编辑并对结果感到满意后，可将视频导出到本地。

第 **5** 章

DeepSeek：掌握数据分析与可视化技巧

在信息爆炸的当下，数据分析与可视化成为挖掘数据价值、传达关键信息的重要手段。DeepSeek 作为一款强大的工具，在这一领域展现出了卓越的能力，能够帮助用户轻松获取、清洗数据，编写公式以及生成图表，让数据分析变得更加高效、便捷。

5.1 利用 DeepSeek 轻松获取外部数据

俗话说"巧妇难为无米之炊"，对于数据分析而言，源数据就是这不可或缺的"米"，是一切分析工作的基石。源数据的来源途径多样，既可以通过自建表格，依据自身特定需求进行数据的整理与录入；也能够从外部广泛收集，借助丰富的外部资源来获取所需信息。

接下来，我们将把目光聚焦，重点为大家深入讲解如何运用强大的 DeepSeep 工具，高效且精准地获取外部数据，开启数据分析的关键第一步。

5.1.1 利用 DeepSeek 获取外部数据

DeepSeek 的"联网搜索"功能极大地扩展了用户获取数据的途径。通过这一功能，用户可以在互联网的海量信息中检索所需的数据。

例如，假设你是一位投资分析师，想要获取 2025 年 2 月 20 日上海黄金现货行情数据。操作很简单，你只需在 DeepSeek 的对话内容输入框中输入提示语：

请以表格形式列出 2025 年 2 月 20 日上海黄金现货的行情，表格结构如下：序号、代码、品种、最新价、涨跌额、涨跌幅等。

然后启用"联网搜索"功能，DeepSeek 就能快速筛选整合信息，将符合要求的数据以表格形式呈现（见图 5-1），助力你的投资分析工作。

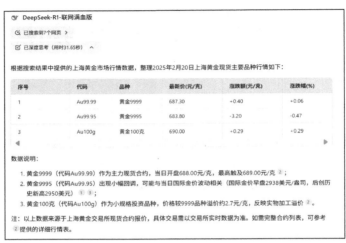

图 5-1　获取外部数据

5.1.2　利用 DeepSeek 分析文本并提取数据

除了借助"联网搜索"功能从网络获取数据，DeepSeek 在处理非结构化数据方面同样表现出色，能够对已有的文本内容进行深度分析并精准提取其中的数据。无论是新闻报道里隐藏的关键信息、社交媒体文章中蕴含的数据要点，还是各类文档里分散的数据内容，DeepSeek 都能有效识别、提取，让非结构化数据有序化，为后续的分析工作提供有力支持。

例如，你是一位新闻编辑，需要从大量的新闻稿件中提取出某个事件的相关信息，如事件发生的时间、地点、涉及的人物等。你可以通过"上传附件"功能将这些新闻稿件导入 DeepSeek 中，并输入相应的提示语：

请仔细阅读这些新闻稿件，提炼出事件发生的时间、地点、涉及的人物以及主要内容（100 字以内），并以表格形式呈现。

DeepSeek 将自动分析新闻稿件中的文本内容，精准识别其中的关键信息，并依据提示语的要求，将其提取并整理成结构化的数据表格进行呈现，如图 5-2 所示。

时间	地点	涉及人物	主要内容
2025年2月21日	泰国边境地区、中缅泰三国	外交部发言人郭嘉昆、中缅泰三国执法部门、200名中国籍涉诈犯罪嫌疑人	中缅泰三国联合打击跨境网赌电诈，摧毁窝点并遣返犯罪嫌疑人；中方赞赏合作成果，强调继续保护海外公民安全。

图 5-2　提炼新闻稿件的信息

又比如，你是一位人力资源专员，需要从员工的简历中提取出教育背景、工作经历、技能等信息。为此，可将所有简历上传至 DeepSeek，随后输入提示语：

请仔细阅读简历文档，从提供的简历中提取以下信息：姓名、学校、专业、工作经历（简要描述），并以表格形式呈现。

DeepSeek 能够精准识别简历中各个部分的内容，并将其提取后以表格的形式输出，如图 5-3 所示。如此一来，HR 在招聘时，就能轻松依据岗位需求，对候选人的简历信息进行高效筛选与横向比较，快速锁定符合岗位要求的优质人才，大幅提升招聘效率。

姓名	学校	专业	工作经历（简要描述）
张云	西南石油大学	物流管理（本科）	1. XX健身俱乐部瑜伽教练（课程教学与安全管理） 2. 觅知平台原创设计师（文档创作与运营推广） 3. 约克迪能源科技销售实习生（渠道开拓与客户维护）
李莉	湖北经济学院	旅游管理（本科）	1. 武汉XX研学旅行服务有限公司行政总监（政务接待、资产管理、会议组织） 2. 学院会计系办公室行政助理（文档处理与活动支持）
陈明	中国社会大学	计算机科学与技术	1. 上海新新新网络科技有限公司软件工程师（CTI程序开发与优化） 2. 上海杨浦大院有限公司软件工程师（模块开发与系统重构）
李梅	武汉工程大学	信息管理与信息系统	黑龙江汉能薄膜发电有限公司市场部主管（市场调研、招商会策划、门店运营管理）
刘道军	武汉大学	行政管理	国际货站与物流操作相关工作经验（未列具体职位，自我评价提及）

图 5-3　提取简历信息

5.2　利用 DeepSeek 清洗数据

成功获取数据后，我们往往会发现数据集中存在不少"瑕疵"。比如，可能存在重复出现的记录，这些冗余信息不仅占用存储空间，还会干扰后续分析；数据格式也可能出现错误，像是日期格式不统一、数值型数据被错误标记为文本格式等，这会影响数据的计算和分析结果。此外，数据中还可能存在缺失值，若不处理，可能导致分析结果出现偏差。

因此，对数据进行清洗是极为关键的步骤，只有通过严谨的数据清洗流程，才能确保数据的准确性与可靠性，为后续的数据分析工作筑牢坚实基础。

5.2.1　获取不重复的记录

以员工工资数据处理为例，假设你收集到一份从各部门汇总而来的员工工资数据表。由于数据来源广泛，难免存在数据整合的问题，比如表中可能出现重复项，如图 5-4 所示。

	A	B	C	D	E	F
1	职工编号	姓名	年龄	工资	奖金	工龄
2	CH_0001	李莫愁	25	3710	1173	10
3	CH_0002	刘处玄	23	2819	1229	7
4	CH_0003	朱子柳	28	4153	1180	12
5	CH_0004	吕文德	25	2513	1259	5
6	CH_0001	李莫愁	25	3710	1173	10
7	CH_0005	李志常	24	4255	1446	14
8	CH_0006	刘瑛姑	28	2103	1417	3
9	CH_0003	朱子柳	28	4153	1180	12
10	CH_0007	张志光	26	3145	1217	6
11	CH_0008	完颜萍	26	2533	1164	5
12	CH_0009	陆冠英	22	2834	1377	8
13	CH_0001	李莫愁	25	3710	1173	10
14	CH_0010	宋德方	29	2137	1234	4

图 5-4　包含重复项的表格

若采用人工排查的方式，逐一甄别每一条数据记录，不仅要耗费大量时间和精力，还极易因人为疏忽而出现遗漏，难以保证数据的准确性和完整性。

面对这样的困境，使用 DeepSeek 就能轻松解决。在 DeepSeek 中上传收集到的表格文件，输入以下提示语：

> 请检查表格数据，识别重复记录，并提供删除或合并后的记录，以表格形式输出。

DeepSeek 将自动识别重复记录，并提供删除或合并后的处理结果，如图 5-5 所示。

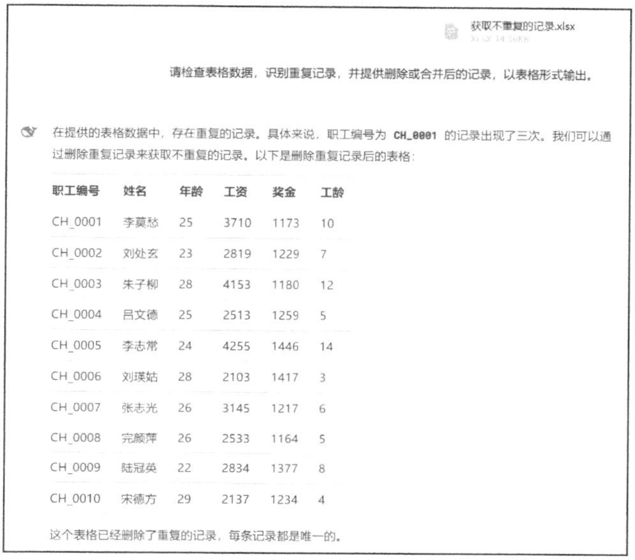

图 5-5　获取不重复的记录

5.2.2　处理错误的数据格式

在数据处理的过程中，错误的数据格式常常成为阻碍高效分析的"绊脚石"。

以日期和数字格式为例，不同来源的数据可能存在严重的格式差异。日期可能有的以 YYYY/MM/DD 格式呈现，有的以 MM-DD-YYYY 格式呈现，甚至还有其他五花八门的自定义格式。数字格式也可能混乱不堪，有的本该是数值型数据，却被错误地标记为文本格式，小数点与千分位的表示方式也不尽相同。

面对这些棘手的问题，DeepSeek 展现出强大的处理能力。它通过精准的模式匹配和格式转换逻辑，将混乱的日期格式统一规范为指定的标准格式，同时把错误标记的数字格式纠正为正确的数据类型，确保数据的一致性和可用性。

下面以图 5-6 中包含错误日期格式的表格文件为例（这里只显示了 A 列），来演示具体的做法。

将上述表格文件上传到 DeepSeek 中，然后输入以下提示语：

请将上述表格中 A 列的数据转换为 Excel 标准的日期格式，并以表格形式呈现。

图 5-7 所示为 DeepSeek 处理完成后的结果。可以看到，原本混乱无序的数据格式变得整齐划一，为后续的数据统计、分析以及可视化展示扫清了障碍。

图 5-6　错误的数据格式

图 5-7　转换为标准日期格式后的文件

之后，将转换后的数据复制到 Excel 中即可投入使用。

5.2.3　缺失值处理

在数据处理工作中，当我们处理各类数据表格时，缺失值问题十分常见。这类问题的产生，大多源于导入的源数据里存在空白单元格。以图 5-8 所示的数据源表为例，A 列"城市"数据区域中存在多处缺失值，这会在后续生成数据透视表、制作数据透视图以及进行分类汇总操作时，导致统计结果出现严重偏差，无法准确反映数据的真实情况。因此，需要为 A 列补充相应的城市名称。

将这个表格上传到 DeepSeek 中，输入以下提示语：

在 A 列中填充数据，填充的数据应与前一单元格的内容相同。将结果以表格形式输出。

	A	B	C	D
1	城市	日期	数量	利润
2	武汉	44929	34	900
3		44933	32	900
4		45031	34	900
5		45034	22	900
6	南京	44930	53	1647
7		44951	33	1377
8		45017	45	2700
9		45020	56	1269
10		45027	88	4380
11	北京	44941	34	2400
12		44972	56	3420
13		45030	67	133.5
14		45046	65	1200

图 5-8 存在缺失值的数据源表

图 5-9 所示为 DeepSeek 完成填充后的结果。接下来只需将该表格复制到 Excel 中即可进行后续的各种数据分析工作。

图 5-9 填充后的表格

5.3 利用 DeepSeek 编写 Excel 公式

在商业、教育与科研等众多领域，Excel 作为一款极为重要的数据处理与分析工具，凭借其强大的数据管理和分析功能，早已成为众多从业人员不可或缺的得力助手。从日常的销售数据统计、学生成绩分析，到科研项目中的实验数据处理，Excel 的身影无处不在。

然而，对于刚刚接触 Excel 的初学者而言，编写正确且高效的公式往往是一道难以跨越的门槛。函数参数的理解偏差、公式逻辑的构建困难，都可能导致花费大量时间仍无法得出准确结果。

DeepSeek 的出现为用户带来了福音。借助 DeepSeek 强大的智能解析能力，用户只需用简洁易懂的语言描述需求，它便能迅速生成各种复杂和高级的 Excel 公式。无论是复杂的数据统计分析，还是高级的数据建模公式，DeepSeek 都能轻松应对，帮助用户显著提升工作效率，增强数据处理能力，让数据处理工作变得更加轻松高效。

在使用 DeepSeek 编写公式之前，我们需要先了解 Excel 中常用的函数及其功能。可以这样向 DeepSeek 提问：

> 请写出 30 个 Excel 常用函数，包括逻辑函数、文本函数、日期与时间函数、分类汇总、查找引用函数。并以表格形式输出（包括函数名、功能、示例）。

DeepSeek 经过深度思考后，整理出了 30 个常用函数，覆盖了逻辑函数、文本函数、日期与时间函数、分类汇总及查找引用函数，如图 5-10 所示（请读者注意，图未截全）。

已深度思考（用时 32 秒）

以下是30个Excel常用函数的表格整理，覆盖逻辑函数、文本函数、日期与时间函数、分类汇总及查找引用函数：

函数名	功能	示例
逻辑函数		
IF	根据条件判断返回不同结果	=IF(A1>60,"及格","不及格")
AND	所有条件为真时返回TRUE	=AND(A1>50,B1<100)
OR	任一条件为真时返回TRUE	=OR(A1="是",B1="完成")
NOT	对逻辑值取反	=NOT(A1=TRUE)
IFS	多条件判断返回对应结果	=IFS(A1>90,"优秀",A1>60,"及格",TRUE,"不及格")
IFERROR	错误时返回指定值	=IFERROR(A1/B1,"计算错误")
文本函数		
LEFT	提取文本左侧指定字符数	=LEFT(A1,3)（提取A1前3位）
RIGHT	提取文本右侧指定字符数	=RIGHT(A1,2)
MID	从文本中间提取指定位置和长度的字符	=MID(A1,2,4)（从第2位开始取4位）
CONCATENATE/CONCAT	合并多个文本内容	=CONCAT(A1,"-",B1)
TEXT	将数值/日期转换为指定格式的文本	=TEXT(A1,"yyyy-mm-dd")
LEN	返回文本长度	=LEN(A1)
SUBSTITUTE	替换文本中的指定字符	=SUBSTITUTE(A1,"旧","新")
TRIM	删除文本中的多余空格	=TRIM(A1)
UPPER/LOWER	将文本转换为全大写/全小写	=UPPER(A1) 或 =LOWER(A1)
EXACT	比较两个文本是否完全相同（区分大小写）	=EXACT(A1,B1)

图 5-10 DeepSeek 整理出的 Excel 常用函数

5.3.1　利用 DeepSeek 编写 Excel 公式

接下来，我们使用 DeepSeek 来协助编写 Excel 公式。假设有一个如图 5-11 所示的成绩表，现在我们的需求是，理论、案例分析和论文这三科的成绩均大于或等于 70 分，则显示"合格"，否则显示"不合格"。

	A	B	C	D	E
1	姓名	理论	案例分析	论文	综合评定
2	王处一	82	85	80	
3	王十三	54	80	70	
4	公孙止	48	55	50	
5	王志坦	65	75	70	

图 5-11　成绩表文件

有了源数据表格和具体的要求之后，在 DeepSeek 中输入如下提示语：

如果 B2、C2、D2 单元格中的成绩均大于或等于 70 分，则显示"合格"，否则显示"不合格"。请写出相应的 Excel 公式。

DeepSeek 将根据这一提示语编写出相应的公式，并对其进行详尽的解释说明，如图 5-12 所示。将公式复制到 E2 单元格，然后通过复制该公式填充其他行。

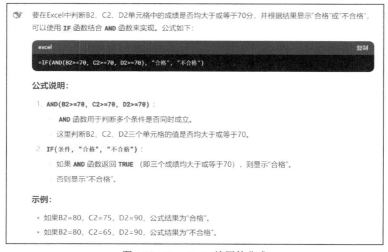

图 5-12　DeepSeek 编写的公式

可以看到，采用这种方法的核心优势是无须上传数据。用户仅需向 DeepSeek 提供对应的单元格名称，即可开展公式编写等操作，整个过程中数据始终安全存储在本地。这不仅极大地简化了操作流程，还从根本上杜绝了因数据上传而可能引发的数据泄露风险，为用户的数据安全筑牢了坚实防线。

5.3.2 使用 WPS 灵犀进行数据分析

最新版本的 WPS 现已集成满血版的 DeepSeek-R1，只需打开 WPS AI 官网，从"下载 WPS 体验更多 AI"下拉菜单中选择适用于自己系统的版本，然后下载 WPS 的最新版本进行安装即可（将自动覆盖旧版本的 WPS），如图 5-13 所示。

图 5-13 WPS AI 官网

打开最新版的 WPS 并成功登录后，单击左上角的 WPS Office 主菜单按钮（见图 5-14），在弹出的界面左侧找到并单击"灵犀"图标，即可打开如图 5-15 所示的 WPS 灵犀界面。这个集成了 DeepSeek-R1 能力的 WPS 灵犀功能多样：在文案写作时，输入需求就能快速生成内容；制作 PPT 时，只需输入主题和要点，它就能推荐模板并一键生成框架。此外，WPS 灵犀的搜索功能还可全网检索资料，帮助你在阅读时提炼文档要点，助力高效办公。

这里以图 5-11 所示的图表文件为例，介绍如何使用 WPS 灵犀来编写 Excel 公式。

首先，在 WPS 灵犀界面中单击"新话题"按钮，然后在"内容输入框"中输入相应的提示语。WPS 灵犀会立即生成编写的公式，如图 5-16 所示。

图 5-14　WPS Office 的主菜单

图 5-15　WPS 灵犀界面

图 5-16　使用 WPS 灵犀编写 Excel 公式

　　还可以通过"上传附件"功能，并输入相应的提示语，让 WPS 灵犀自动启动"数据分析"功能，如图 5-17 所示。

图 5-17　输入提示语启动"数据分析"功能

　　WPS 灵犀将对数据内容进行检查和分析。随后，它根据提示语的要求生成相应的公式，并使用这些公式对整个数据集进行验证，如图 5-18 所示。

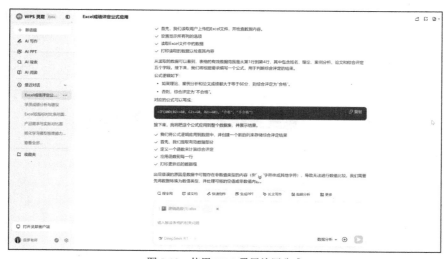

图 5-18　使用 WPS 灵犀编写公式

　　假如你想把综合评定结果为"合格"的数据给筛选出来，还可以进一步输入如下提示语：

筛选出综合评定为"合格"的学生的数据，以表格形式输出。

WPS 灵犀已筛选出结果，并以表格形式呈现，但筛选结果目前处于隐藏状态，如图 5-19 所示。

图 5-19　使用 WPS 灵犀进行数据筛选

将鼠标指针悬停在"筛选出综合评定为'合格'的学生数据"文字上，会出现"查看表格"的命令。单击该命令后，"表格详情"窗口中将显示筛选后的表格，如图 5-20 所示。

图 5-20　筛选后的表格

5.4　利用 DeepSeek 生成可视化图表

在数据分析过程中，图表的运用显得尤为重要。它通过直观且高效的视觉呈现方式，帮助人们轻松理解那些难以直接解读的数据信息。

下面以分析城市相关数据为例，我们期望借助图表来清晰展现各城市的对比情况。我们先将 Excel 数据文件上传至 DeepSeek，并输入提示语：

请读取表格中的数据，根据合计数据，为各城市制作柱形图。

然而，DeepSeek 目前无法直接生成最终图表，但它会提供详细的图表制作步骤建议，引导我们完成图表制作，如图 5-21 所示。

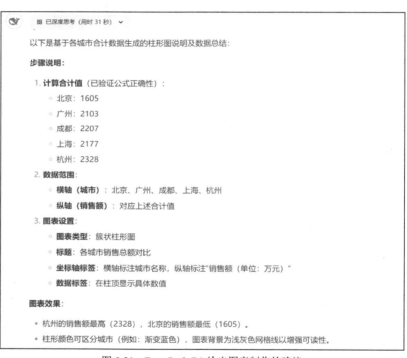

图 5-21　DeepSeek-R1 给出图表制作的建议

对于简单的图表，WPS 灵犀可以直接生成。用户只需上传 Excel 数据文件并准确输入提示语，WPS 灵犀将进行细致的分析和调整，最终精准输出符合需求的图表，如图 5-22 所示。

对于复杂的图表，目前 DeepSeek 和 WPS 灵犀均无法直接提供最终结果。不过，可以选择上传 Excel 数据表和参考图表，DeepSeek 将根据上传内容提供相应的参考步骤，如图 5-23 所示。

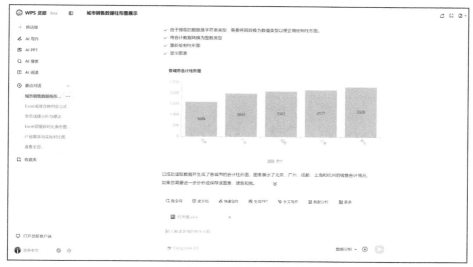

图 5-22 WPS 灵犀生成的图表

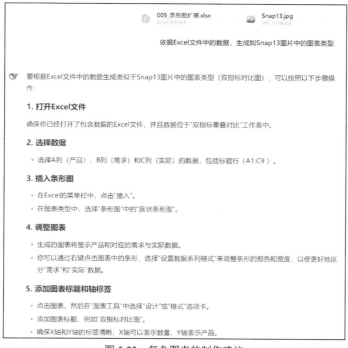

图 5-23 复杂图表的制作建议

第 **6** 章

DeepSeek-R1：成为自动化办公专家

你是否常在堆积如山的重复性工作中感到力不从心？面对密密麻麻的数据统计、频繁的文件整理，还有复杂的文档格式调整，是不是觉得效率低下又身心俱疲？其实，你与高效办公之间，只差一个 DeepSeek-R1。

DeepSeek-R1 在处理数学、编程问题方面能力出众，本章将带你领略 DeepSeek-R1 的神奇魅力，探索其强大功能，助力你迅速成长为自动化办公领域的行家。借助 DeepSeek-R1，你可以轻松掌握 VBA 代码编写技巧，不管是数据交互录入、精准的统计分析，还是精美的数据可视化呈现，都能一键生成代码，把烦琐任务变得简单快捷。

不仅如此，DeepSeek-R1 还将带你开启 Python 自动化办公的奇妙之旅，从基础的文件及文件夹管理，到对 Word、Excel 表格和 PDF 文件的灵活操作，全面提升你的办公效率，让办公变得轻松愉悦。

6.1 DeepSeek 编写 VBA 代码实现批量处理

自从 Visual Basic for Applications（VBA）问世以来，已被集成到 Excel、Word、PowerPoint 等多款 Office 软件中。我们可以用 VBA 实现用户界面操作的自动化，提高工作效率。过去，学习 VBA 编程存在一定的门槛，入门破局难度。如今，借助 DeepSeek-R1，可以快速生成 VBA 代码，轻松完成各种自动化和批量化操作。

下面将通过具体案例，介绍如何利用 DeepSeek 编写并运行 VBA 代码。

6.1.1　了解 VBA 开发环境——VBE

　　VBE 是 VBA 的集成开发环境，可以在 VBE 中编写和调试 VBA 代码。在 Microsoft Excel 中，可以单击"开发工具"选项卡，在"代码"功能区中找到并单击 Visual Basic 按钮，或者按下 Alt+F11 组合键直接进入 VBE 编辑界面，如图 6-1 所示。

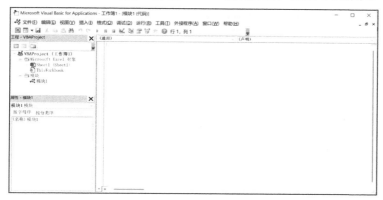

图 6-1　VBE 编辑界面

　　如果 Excel 中没有显示"开发工具"选项卡，可以单击"文件"菜单，选择"选项"命令，打开"Excel 选项"对话框，然后在左侧选择"自定义功能区"选项，在右侧的"自定义功能区"下拉菜单中，选择"所有选项卡"，找到并选中"开发工具"复选框，如图 6-2 所示。

图 6-2　在 Excel 中添加"开发工具"选项

VBE 包含的主要组件以及功能如下所示。

- **工程资源管理器**：用于管理用户的应用程序项目，显示用户当前打开的所有工作簿以及其中的模块、类等。
- **属性窗口**：用于查看和修改所选对象的属性。
- **代码窗口**：用户编写和编辑代码的主要场所。

6.1.2　DeepSeek-R1 生成 VBA 代码，实现数据交互输入

在日常办公中，你是否常被这些问题困扰？精心设计的表格，却因员工随意填写而"走样"：有的字段莫名夹杂空格，有的输入内容超出规定范围。

在数据分析与处理过程中，源数据表的准确性是后续分析结果可靠的基石，稍有差池，分析结果便可能谬以千里。所以，在设计 Excel 源数据表格时，提升输入效率与确保数据输入规范，是必须兼顾的两大关键因素。

接下来以图 6-3 为例，详细阐述如何设计一个规范化、标准化的 Excel 数据源表。

	A	B	C	D	E	F	G	H	I
1	工号	姓名	所属部门	学历	婚姻状况	身份证号码	性别	出生日期	年龄
2									
3									
4									
5									
6									
7									

图 6-3　Excel 数据源表

从规范性层面来讲，这个表格具有明确要求：姓名栏填写时不得出现空格；所属部门、学历、婚姻状况等列，必须从既定选项中选取，杜绝随意填写；身份证号码务必为 18 位字符。而从提高效率的角度考虑，建议借助公式，通过身份证号码自动算出性别、出生日期、年龄等列的数据，从而简化操作流程，提升工作效率。

下面我们让 DeepSeek-R1 帮忙生成可以实现该功能的 VBA 代码。根据之前的分析，我们需要将针对每一列的具体要求逐一清晰列出，从而形成完整的提示语：

　　我希望对 Excel 进行交互式输入，Excel 表格的标题从 A1 到 I1 分别如下：工号、姓名、所属部门、学历、婚姻状况、身份证号码、性别、出生日期、年龄。根据要求写出完整的 VBA 代码，具体要求如下：

　　1. 当用户单击 A2 及 A 列后续单元格时，触发交互式输入框。

　　2. 交互式输入框应按每一行从 A 列开始依次向右填写。

3. 在"工号"列，允许用户自定义输入文本类型的工号。

4. 在"姓名"列，允许用户自定义输入文本类型的姓名，但字符间不允许有空格。

5. 在"所属部门"列，用户只能从下拉列表中进行单选，选项为：总经办、人力资源部、财务部、贸易部、后勤部、技术部、生产部、销售部、信息部、质检部、市场部。

6. 在"学历"列，用户只能从下拉列表中进行单选，选项为：博士、硕士、本科、大专、中专、高中。

7. 在"婚姻状况"列，用户只能从下拉列表中进行单选，选项为：男、女。

8. 在"身份证号码"列，单元格格式应定义为文本，且只能输入长度为 18 位的内容。

9. "性别""出生日期"和"年龄"列使用相应公式从身份证号码中计算出来。计算年龄使用的是 datedif 函数。

10. 身份证号码输入完成后，自动跳转到"工号"列的下一行。

DeepSeek-R1 在长达 189 秒的深度思考和分析后，编写了完整的 VBA 代码，如图 6-4 所示。在代码之后，还附有详细的使用说明（图中未显示）。

图 6-4　编写的完整 VBA 代码

按照使用说明的提示，先在 Excel 中按 Alt+F11 组合键打开 VBE 编辑器，双击工作表对象（如 Sheet1），把 VBA 代码复制过来，如图 6-5 所示。

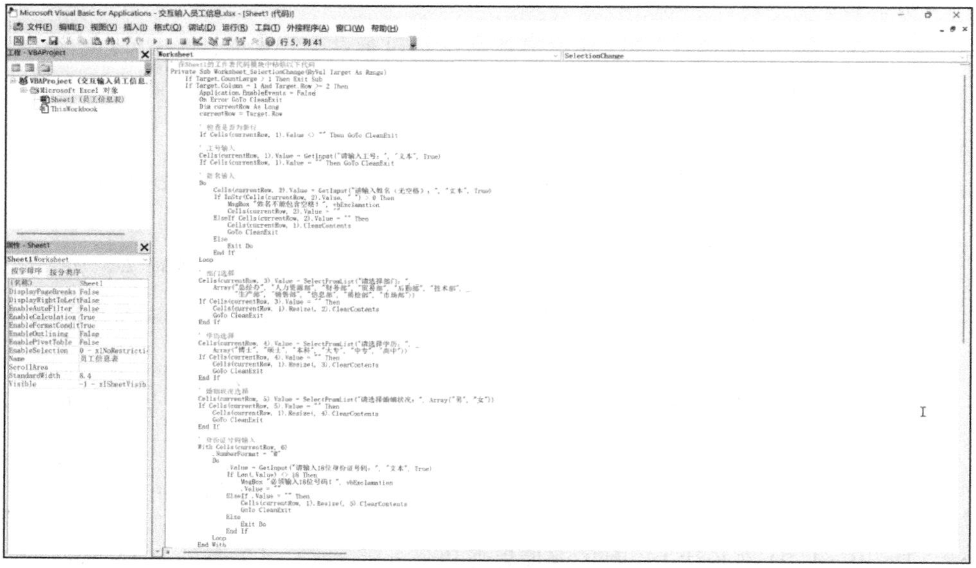

图 6-5 将 VBA 代码复制到 VBE 编辑器中

关闭 VBE 编辑器窗口，返回工作表界面进行输入测试。当用鼠标单击 A2 单元格时，会立即触发并弹出输入窗口，如图 6-6 所示。

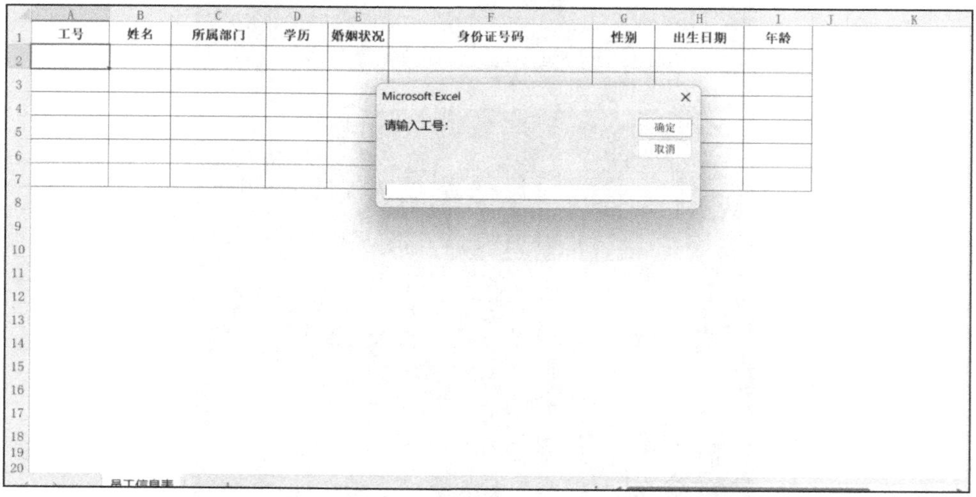

图 6-6 输入工号的窗口

　　如果在运行代码后出现错误或结果与设计目标不符，可以将错误提示反馈给 DeepSeek-R1，持续调整直至达到预期效果。

6.1.3 DeepSeek-R1 生成 VBA 代码，实现数据统计分析

　　在 Excel 的日常使用中，数据统计分析是极为常见的重要任务，VBA 凭借其强大的功能，能够高效地处理大规模数据的统计计算。例如，我们在上一节精心设计的 Excel 源数据表中完成数据的录入后，当需要统计各部门各项属性的总人数时，可以在 DeepSeek-R1 中输入以下提示语，以生成相应的 VBA 代码：

> 　　我要对当前的 Excel 文件"员工信息表"工作表进行统计分析，"员工信息表"的标题从 A1 到 I1 如下：工号、姓名、所属部门、学历、婚姻状况、身份证号码、性别、出生日期、年龄。
>
> 　　部门：总经办、人力资源部、财务部、贸易部、后勤部、技术部、生产部、销售部、信息部、质检部、市场部。
>
> 　　学历：博士、硕士、本科、大专、中专、高中。
>
> 　　性别：男、女
>
> 　　婚姻状况：已婚、未婚
>
> 　　根据要求写出完整的 VBA 代码，具体要求如下：
>
> 　　1. 新增一个名为"员工属性分析"的工作表。
>
> 　　2. 在"员工属性分析"工作表中，对各部门在职总人数、性别属性、婚姻状况属性、学历属性进行统计分析。
>
> 　　3. 统计后的数据形成一个表格。

DeepSeek-R1 在进行了长达 280 秒的深度分析后，根据提示语的要求，对输出表格的标题行、代码结构进行了详细解析，生成了初步代码，并经过测试与修正后，最终输出了完整的 VBA 代码，如图 6-7 所示。

　　复制 DeepSeek-R1 生成的 VBA 代码，然后打开 Excel 源数据表，并按下 Alt + F11 组合键，调出 VBE 编辑器。然后插入一个新模块，将 VBA 代码粘贴进来，然后关闭 VBE，如图 6-8 所示。

以下是完整的VBA代码实现：

```vba
Sub 员工属性分析()
    ' 删除已存在的工作表并新建
    On Error Resume Next
    Application.DisplayAlerts = False
    Sheets("员工属性分析").Delete
    Application.DisplayAlerts = True
    On Error GoTo 0
    Dim wsNew As Worksheet
    Set wsNew = Worksheets.Add(After:=Sheets(Sheets.Count))
    wsNew.Name = "员工属性分析"

    ' 预定义分类顺序
    Dim deptOrder As Variant
    deptOrder = Array("总经办", "人力资源部", "财务部", "贸易部", "后勤部", "技术部", _
        "生产部", "销售部", "信息部", "质检部", "市场部")
    Dim eduOrder As Variant
    eduOrder = Array("博士", "硕士", "本科", "大专", "中专", "高中")

    ' 初始化字典对象
    Dim dict As Object
    Set dict = CreateObject("Scripting.Dictionary")

    ' 遍历源数据
    Dim wsSrc As Worksheet
    Set wsSrc = Worksheets("员工信息表")
    Dim lastRow As Long
    lastRow = wsSrc.Cells(wsSrc.Rows.Count, 1).End(xlUp).Row

    For i = 2 To lastRow
        dept = wsSrc.Cells(i, 3).Value
        gender = wsSrc.Cells(i, 7).Value
        marital = wsSrc.Cells(i, 5).Value
        edu = wsSrc.Cells(i, 4).Value
```

图 6-7　生成的统计分析的 VBA 代码

图 6-8　在新模块中粘贴 VBA 代码

在源数据表中，选择"插入"选项卡中的"形状"功能，绘制一个圆角矩形。

右键单击该圆角矩形，在弹出的菜单中选择"指定宏"选项。在弹出的"指定宏"对话框中，选择相应的宏名称，然后单击"确定"按钮，如图 6-9 所示。

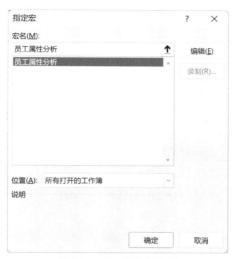

图 6-9　"指定宏"对话框

通过单击圆角矩形，可以触发并执行 VBA 代码，生成如图 6-10 所示的统计结果。

	A	B	C	D	E	F	G	H	I	J	K	L
1	部门	总人数	男	女	已婚	未婚	博士	硕士	本科	大专	中专	高中
2	总经办	6	4	2	4	2	1	1	4	0	0	0
3	人力资源部	9	6	3	5	4	0	1	7	1	0	0
4	财务部	8	6	2	5	3	0	3	5	0	0	0
5	贸易部	5	5	0	1	4	0	2	3	0	0	0
6	后勤部	4	4	0	3	1	0	0	2	1	0	1
7	技术部	9	6	3	5	4	0	4	5	0	0	0
8	生产部	7	5	2	5	2	1	1	5	0	0	0
9	销售部	11	10	1	5	6	0	3	6	0	2	0
10	信息部	5	4	1	3	2	0	2	3	0	0	0
11	质检部	6	4	2	2	4	0	3	3	0	0	0
12	市场部	16	12	4	11	5	0	3	4	0	0	4

图 6-10　VBA 代码生成的统计结果

除了上述方式之外，也可以直接将 Excel 文件上传至 DeepSeek-R1，让其自动读取表格结构和数据，然后再输入相应的提示语，如图 6-11 所示。这样一来，就无须通过提示语来描述表格结构和属性选项等内容。然而，这种方式存在数据泄露的风险，因此建议在进行数据脱敏之后，再上传到 DeepSeek-R1 中。

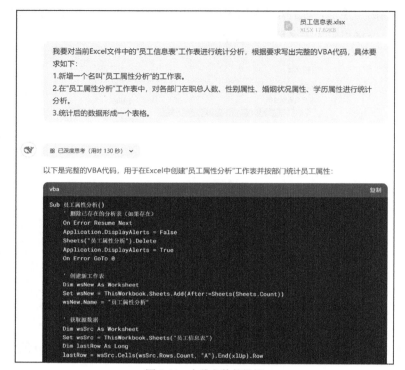

图 6-11　上传文件并提问

6.1.4　DeepSeek-R1 生成 VBA 代码，实现数据可视化

在数据分析中，图表作为一种直观且高效的展示手段，能够将复杂的数据以一目了然的形式呈现，极大地提升数据的可读性与分析效率。而 VBA 凭借其强大的编程能力，为我们提供了自动生成各类图表的便捷途径，柱状图、折线图、饼图等，都能轻松实现。

以 6.1.3 节完成的按部门统计员工属性数据为例，当希望将这些数据转化为可视化图表时，借助 VBA 的独特优势，不仅可以快速生成图表，还能让用户根据自身需求，灵活指定数据区域和图表类型，满足多样化的展示需求。

下面在 DeepSeek-R1 中输入以下提示语，生成可实现上述功能的 VBA 代码：

请根据以下要求编写完整的 VBA 代码，以实现根据指定数据区域生成图表的功能：

1. 单击"创建图表"按钮后，弹出窗口并选择相应的数据区域。
2. 选择数据区域后，系统会提示用户选择所需的图表类型。
3. 在新工作表中生成图表。

DeepSeek-R1 经过深度分析后生成了完整的 VBA 代码，其中包含详尽的注释和全面的错误处理机制，如图 6-12 所示。

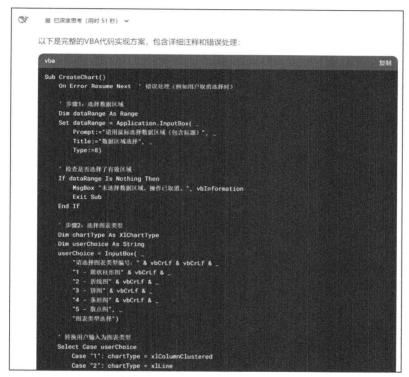

图 6-12　用于创建图表的 VBA 代码

将生成的代码复制到模块中，并将自建的按钮通过"指定宏"命令与相应的宏进行绑定。随后，单击自建的"创建图表"按钮，即可触发 VBA 代码，弹出"数据区域选择"窗口，如图 6-13 所示。

使用鼠标选中所需的源数据区域后，单击"确定"按钮，即可弹出如图 6-14 所示的"图表类型选择"窗口。

输入相应的图表类型编号后，单击"确定"按钮，即可生成如图 6-15 所示的图表。

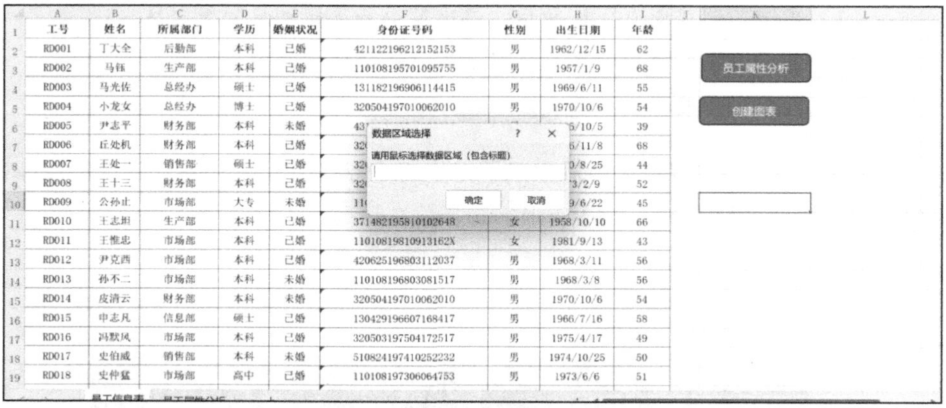

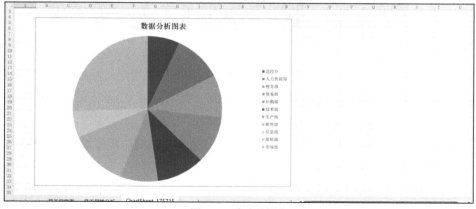

图 6-13 "数据区域选择"窗口

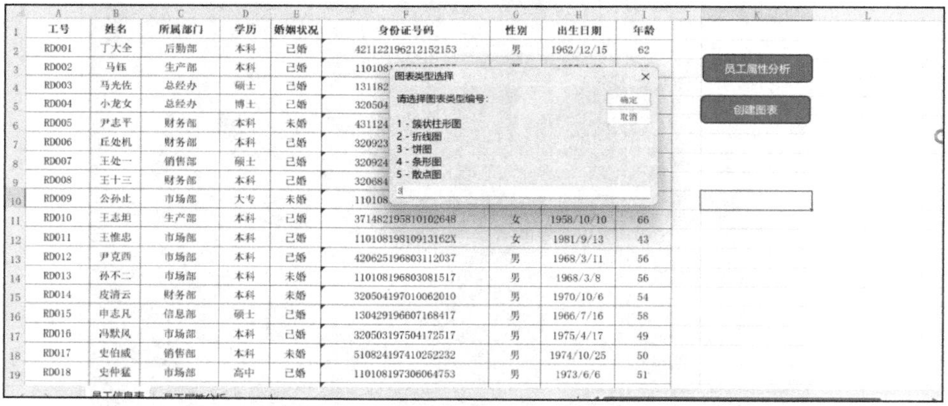

图 6-14 "图表类型选择"窗口

图 6-15 生成的图表

6.2　DeepSeek-R1 编写 Python 代码，实现自动化办公

在数字化浪潮席卷而来的当下，办公自动化已从一种选择演变为提升工作效率、削减人力成本的必要途径。Python 作为一门以简洁高效著称的编程语言，凭借其海量的库资源与强大的功能，在办公自动化领域脱颖而出，成为众多专业人士与职场新人的得力助手。

接下来，我们将深入探索 Python 代码如何在各类办公场景中大展身手，实现自动化办公的无限可能。

6.2.1　搭建 Python 环境

在开始编写 Python 代码之前，首先要确保你的计算机上已经安装了 Python。接下来以 Windows 系统为例，介绍搭建 Python 环境的步骤。

1．下载 Python

在浏览器中访问 Python 官方网站，在打开的主页面中找到并下载 Windows 版本的 Python，如图 6-16 所示。

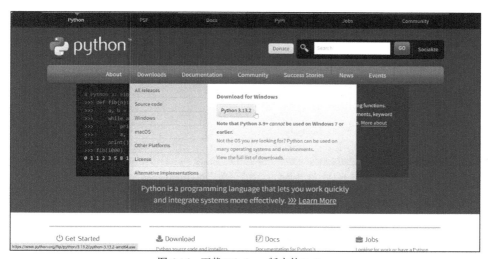

图 6-16　下载 Windows 版本的 Python

2. 安装 Python

运行下载后的 Windows 安装程序。在安装过程中，务必选中 Add Python.exe to PATH 复选框（见图 6-17），这样可以确保将 Python 的安装路径添加到系统的环境变量中，让操作系统能够识别 Python 命令。

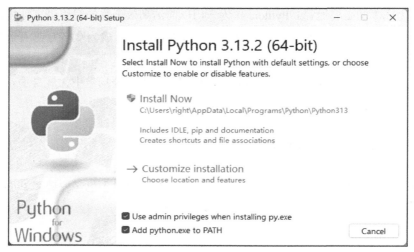

图 6-17　安装 Python

3. 验证安装

安装完成后，按 Win+R 组合键，在"运行"对话框中输入 cmd 命令，打开 Windows 命令终端，然后输入 Python 命令来验证 Python 是否安装成功，如图 6-18 所示。如果该命令能正确运行，说明 Python 已经安装成功且环境变量配置正确。

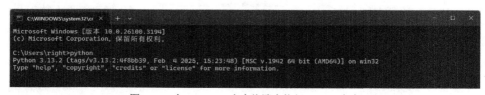

图 6-18　在 Windows 命令终端中执行 python 命令

4. 安装集成开发环境（IDE）

为了更高效地编写和运行 Python 代码，建议安装一个集成开发环境（IDE）。以下是一些常用的 Python IDE。

- **PyCharm**：目前最受欢迎的 Python IDE，提供了丰富的功能，如代码补全、调试、版本控制等。可以从 JetBrains 官网下载并安装社区版（免费）或专业版。
- **Visual Studio Code（VS Code）**：一款轻量级的代码编辑器，免费开源，操作便捷，支持包括 Python 在内的多种编程语言，拥有丰富的插件生态系统，能满足多样化的开发需求。可以从 VS Code 官网下载并安装。

需要注意的是，为了提升 Python 开发的体验和功能，在安装完 VS Code 后，还需安装 Python 相关的扩展，启动 VS Code 后（见图 6-19），单击左侧的扩展图标，在搜索框中输入 Python 和 Pylance，然后进行相应的安装即可。

图 6-19 安装 Python 相关的扩展

6.2.2 DeepSeek-R1 生成 Python 代码，自动化管理文件及文件夹

Python 提供了丰富且实用的模块来处理文件和文件夹操作，例如创建、删除、重命名、筛选文件和文件夹，以及获取文件属性等。

如果你希望编写一个 Python 程序，用于自动筛选出符合指定日期范围和大小范围的文件，可以参考以下提示语：

　　编写一个 Python 程序，以实现自动筛选指定日期和大小的文件。具体要求如下：

　　1．创建一个窗口，让用户可以指定文件夹路径、日期范围、文件大小范围以及文件类型。

　　2．窗口中要有相应的执行按钮，比如"执行"按钮。

　　3．搜索整个文件夹，包括文件夹内的所有文件夹。

　　4．输出这些文件的详细路径。

经过长时间的深入思考，DeepSeek-R1 对用户需求进行了全面分析，并生成了初步代码。随后，DeepSeek-R1 对代码进行了测试和修订，最终输出了如图 6-20 所示的完整 Python 代码及使用说明。

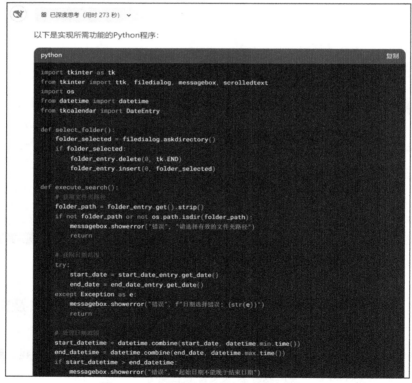

图 6-20　自动筛选指定日期和大小的文件代码

根据使用说明，若要运行此段代码，首先需安装 tkcalendar 依赖库。为此，打开

Windows 命令终端，然后输入并执行命令 pip install tkcalendar，安装这个依赖库，如图 6-21 所示。

图 6-21　安装 tkcalendar 依赖库

运行 PyCharm 后，若为首次使用，请先创建一个新项目。接着，右键单击该项目，在弹出的菜单中选择"新建"，然后选择 Python File，如图 6-22 所示。

图 6-22　新建项目文件

在弹出的如图 6-23 所示的 New Python File 对话框中，选择 Python file 选项，然后输入所需的文件名。

图 6-23 新建 Python 文件并命名

然后将 DeepSeek-R1 生成的代码粘贴到这个 Python 文件中，再单击右上角的"运行"按钮，如图 6-24 所示。

图 6-24 粘贴 Python 代码

这段 Python 代码生成了友好的图形界面，可以递归搜索指定文件夹下的所有文件，并根据日期、大小和类型进行筛选，如图 6-25 所示。

在其他计算机上执行 Python 代码之前，务必确保已安装了 Python 环境。如果已经将 Python 文件转换为可执行的 EXE 格式，就可以在没有 Python 环境下的情况下直接运行。这不仅简化了程序的共享与传播过程，还能够保护对源代码进行保护，同时增强程序性能并改善用户的使用体验。

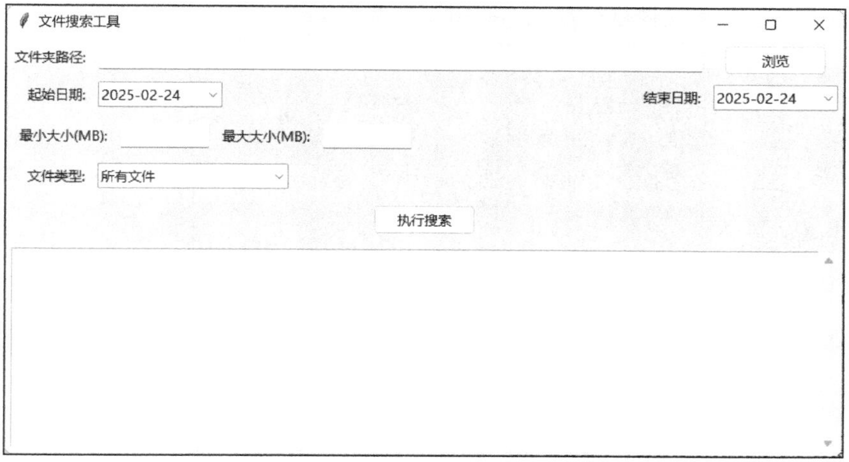

图 6-25　Python 代码生成的界面

要将 Python 文件打包成可执行的 EXE 文件，通常可以用到 PyInstaller。以下是具体的打包步骤。

1. 在 Windows 命令终端中通过执行以下命令来安装 PyInstaller。

```
pip install pyinstaller
```

2. 打开资源管理器，导航至 Python 文件的目录，然后在空白处单击右键，在弹出的菜单中选择"在终端中打开"选项，如图 6-26 所示。

图 6-26　选择 Python 的打开方式

在 Windows 命令终端中执行"pyinstaller --onefile 自动筛选指定日期和大小的

文件.py"命令，对文件进行打包，如图 6-27 所示。

图 6-27 使用 PyInstaller 进行打包

打包完成后，PyInstaller 会在当前目录下生成一个 dist 文件夹，里面包含你的 EXE 文件。

6.2.3 DeepSeek 生成 Python 代码，自动化操作 Word

在办公自动化中，处理 Word 文档是非常常见的任务。Python 提供了多种库，能够高效地操作 Word 文件，轻松实现读取、写入以及修改文档内容。

假设我们需要为多名员工生成荣誉证书，获奖员工的信息存储在一个 Excel 文件中。我们需要根据提供的 Word 证书模板，为每位获奖员工生成相应的 Word 文档。以下是一个提示语示例。

> 编写一个 Python 程序，批量生成荣誉证书。具体要求如下。
>
> 1. 创建一个窗口，让用户可以指定获奖人员的 Excel 文件位置以及荣誉证书 Word 模板位置。
>
> 2. 获奖人员名单存放在 Excel 文件中。
>
> 3. 使用 Excel 文件中的具体姓名代替 Word 文件的 name，姓名对应的职位代替 Word 文件的 position。
>
> 4. 针对每个姓名，生成一个新的以姓名为命名的 Word 文件，并保存到指定位置。

DeepSeek-R1 经过深入分析后，生成了完整的 Python 程序。运行该程序时，如果出现错误，可以直接将错误信息反馈给 DeepSeek-R1，它会根据反馈进行修正。DeepSeek-R1 最终生成的完整代码如图 6-28 所示。

根据代码后面的使用说明，安装好相应的依赖库，然后将 Python 代码粘贴到 PyCharm 中，运行代码，将出现如图 6-29 所示的界面。

```python
import os
import re
import tkinter as tk
from tkinter import filedialog, messagebox
from docx import Document
import pandas as pd

class CertificateGenerator:
    def __init__(self, master):
        self.master = master
        master.title("荣誉证书批量生成器 v2.1")
        self.create_widgets()

    def create_widgets(self):
        # Excel文件路径
        tk.Label(self.master, text="Excel文件路径:").grid(row=0, column=0, padx=5, psdy=5, sticky="w")

        self.excel_path = tk.Entry(self.master, width=50)
        self.excel_path.grid(row=0, column=1, padx=5, pady=5)
        tk.Button(self.master, text="浏览...", command=self.select_excel).grid(row=0, column=2, padx=5, pady=5)

        # Word模板选择
        tk.Label(self.master, text="Word模板路径:").grid(row=1, column=0, padx=5, pady=5, sticky="w")

        self.template_path = tk.Entry(self.master, width=50)
        self.template_path.grid(row=1, column=1, padx=5, pady=5)
        tk.Button(self.master, text="浏览...", command=self.select_template).grid(row=1, column=2, padx=5, pady=5)

        # 保存路径选择
        tk.Label(self.master, text="保存路径:").grid(row=2, column=0, padx=5, pady=5, sticky="w")
```

图 6-28　批量生成获奖证书的最终代码

图 6-29　荣誉证书批量生成的界面

6.2.4　DeepSeek-R1 生成 Python 代码，自动化操作 Excel 表格

手动处理 Excel 数据，不仅耗时费力，还需逐一完成各项任务。而利用 Python 实现 Excel 自动化，能高效处理大量数据，执行数据清洗、格式化信息、批量拆分或合并工作表等操作，实现个性化、高效且精准的办公自动化，大幅提升工作效率。

以下以批量合并指定文件夹中的工作表为例，演示如何使用 DeepSeek 来生成相应的 Python 代码。

在 DeepSeek-R1 中输入以下提示语。

编写一个 Python 程序，一键 Excel 合并工作表。具体要求如下。

1. 创建一个窗口，让用户可以指定 Excel 文件位置，让用户输入合并后的新工作簿名称。

2. 合并指定文件夹下工作簿中的第一个工作表的数据到新工作簿。

DeepSeek-R1 输出了完整的 Python 代码，如图 6-30 所示。

图 6-30　合并工作表的代码

与前文相同，先按照代码后面的要求安装所需的依赖库，然后将代码复制到 PyCharm 中运行。如果运行过程中出现错误，可以将错误信息反馈给 DeepSeek-R1 进行修正。代码正确运行后，将出现如图 6-31 所示的界面。

图 6-31　用于合并 Excel 文件的界面

6.2.5　DeepSeek-R1 生成 Python 代码自动化操作 PDF

在日常办公场景中，利用 Python 实现 PDF 文件的自动化处理，能极大提升工作的便捷性与效率。它可以高效地对 PDF 文件进行生成、编辑和操作，例如能快速创建出包含专业表格、精美图表和规范文本的新 PDF 文档；还支持批量合并、拆分 PDF 文件以及灵活调整页面顺序；甚至能对 PDF 文件进行加密等操作，为文档安全保驾护航。

例如，若需要批量加密指定的 PDF 文件，并将加密后的文件保存到指定位置。以下是相应的提示语。

> 编写一个 Python 程序，批量加密 PDF 文件。具体要求如下。
> 1. 创建一个窗口，让用户可以指定文件位置，让用户可以设置密码。
> 2. 加密该文件。
> 3. 保存文件到指定位置。

DeepSeek-R1 生成了所需的 Python 代码，如图 6-32 所示。该代码利用 Tkinter 库创建图形用户界面，并通过 PyPDF2 库实现 PDF 文件的加密功能。

图 6-32　用于批量加密 PDF 文件的代码

　　根据提示安装所需的依赖库，然后将代码复制到 PyCharm 中运行，将出现如图 6-33 所示的界面。

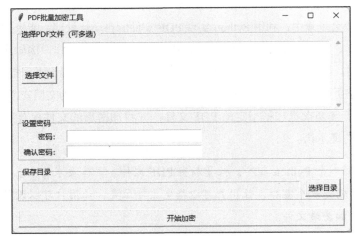

图 6-33　批量加密 PDF 文件的界面

第7章

DeepSeek 与其他工具的集成

在当今数字化的工作和生活场景中，高效利用先进的技术工具至关重要。DeepSeek 作为一款功能强大的工具，其能力可以通过 DeepSeek API 得到更广泛的拓展和应用。

DeepSeek API 为开发者搭建了一座桥梁，使得他们能够以编程的方式便捷地访问和调用 DeepSeek 的各项功能。借助 DeepSeek API，开发者能够将 DeepSeek 强大的数据处理、分析以及智能交互等能力，无缝集成到自身开发的应用程序中，极大地提升应用程序的数据处理效率和智能化水平，为用户带来更优质、高效的使用体验。

基于 DeepSeek API 如此强大的功能和潜力，本章将深入探讨其在实际场景中的应用，以及如何将 DeepSeek 与其他常用工具进行集成，以进一步发挥其价值。

7.1 DeepSeek API 的应用

DeepSeek API 的应用范畴极为广泛，它为开发者提供了一系列丰富且实用的接口，通过调用这些接口，开发者能够轻松实现与 DeepSeek 的交互，从而在自主开发的应用程序中充分利用 DeepSeek 的卓越能力。接下来，我们将详细介绍如何通过 DeepSeek API 接入 DeepSeek，以及如何创建 DeepSeek API 密钥及其调用方法。

在本书撰写之际，DeepSeek 正处于爆火状态，大量用户的涌入使得其官网服务器承受着巨大压力。这使得用户在访问 DeepSeek 的官网时，经常会遇到"服务器繁忙"的提示，用户体验大大降低。

尽管第 1 章已经介绍了几种应对这一困境的替代方案，但对于企业和开发者而言，除了这些替代方案，还有一条更为便捷高效的途径，那就是通过直接调用 DeepSeek API 实现与 DeepSeek 的连接并加以使用。

1. 创建 DeepSeek API 密钥

在浏览器中打开 DeepSeek 的官方网站（见图 7-1），单击界面右上角的"API 开放平台"链接，并完成登录。

图 7-1   DeepSeek 官网

在 DeepSeek 开放平台界面中，首先单击左侧导航栏中的 API keys 选项，进入 API keys 管理界面。随后单击"创建 API key"按钮，在弹出的"创建 API key"窗口中输入密钥名称（这里输入的是"测试"），并单击"创建"按钮，如图 7-2 所示。

在图 7-3 中可以看到，已生成以"sk-"开头的 API 密钥。API 密钥是调用 DeepSeek API 的必要凭证，用于身份验证和权限管理。而且从图 7-3 所示的"创建 API key"窗口中可以看到这样一行提示："请将此 API key 保存在安全且易于访问的地方。出于安全原因，你将无法通过 API keys 管理界面再次查看它。如果你丢失了这个 key，将需要重新创建。"

获取到 API 密钥后，接下来就可以借助各类工具来接入 DeepSeek，从而充分利用其强大功能。下面以 Chatbox 为例来演示具体的接入方式。

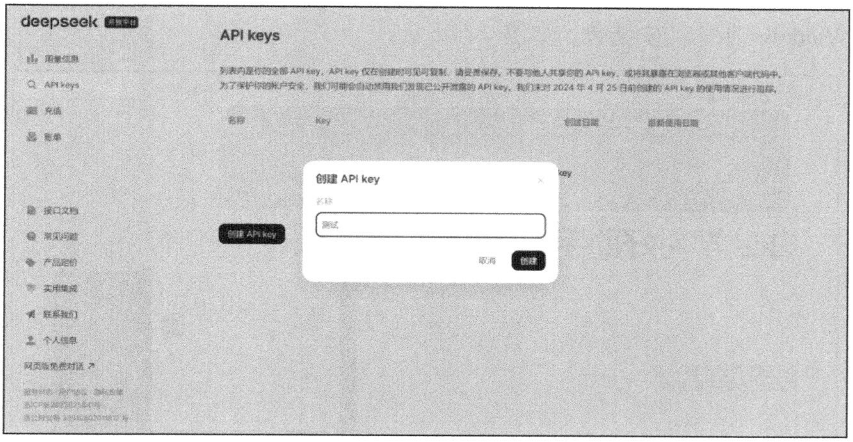

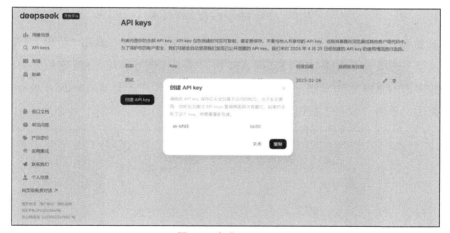

图 7-2　创建 API key

图 7-3　生成 API key

2. 使用 Chatbox 接入 DeepSeek-R1

Chatbox 是一款极具特色的开源跨平台 AI 客户端应用，同时也是功能强大的智能助手。它拥有卓越的兼容性，能够无缝适配 Windows、macOS、Android、iOS、Linux 等主流操作系统，还贴心地提供网页版服务，让用户不受设备和系统限制，随时畅享便捷体验。尤为突出的是，Chatbox 支持接入多种先进的 AI 模型与 API，为用户开启一扇通往多元智能交互世界的大门，满足不同场景下的多样化需求。

在了解了 Chatbox 的强大功能与出色特性后，接下来我们将进行实际操作，在 Windows 系统中下载并安装 Chatbox，开启高效智能的交互体验。

在浏览器中打开 Chatbox 的官网，然后单击"免费下载（for Windows）"按钮，下载 Windows 版本的安装包，如图 7-4 所示。

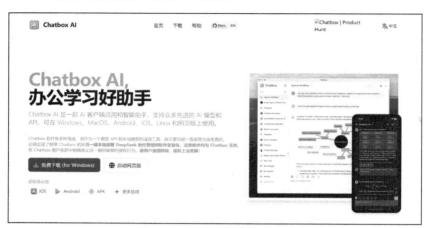

图 7-4　下载 Windows 版本的 Chatbox

安装完 Chatbox 后，将其打开。单击界面左侧的"设置"，弹出"设置"对话框，在"模型"选项卡下选择 DEEPSEEK API 作为模型提供方。在"API 密钥"字段中，将之前申请的 API 密钥复制过来。从"模型"下拉菜单中选择 deepseek-reasoner。完成设置后，单击"保存"按钮，如图 7-5 所示。

图 7-5　设置模型选项

在完成 API 密钥的设置后，Chatbox 便已经准备就绪。此时，在 Chatbox 界面的内容输出框的右侧，有着丰富的模型可供选择，如 deepseek-chat、deepseek-coder 或 deepseek-reasoner 等。根据自身的需求，从中挑选合适的模型，随即在输入框内输入问题，便能迅速得到回复。这一顺畅的交互过程，清晰地表明我们已成功通过 Chatbox 连接到 DeepSeek，开启高效智能的对话体验（见图 7-6）。

图 7-6　Chatbox 成功连接到 DeepSeek

7.2　通过接入 DeepSeek，瞬间升级为个人全能助手

7.1 节介绍了如何创建 API 密钥，本节将学习如何利用 API 把 DeepSeek 巧妙地融入日常办公与社交场景之中，让它华丽变身为你的全能个人助手，为工作和生活带来前所未有的便捷与高效。

7.2.1　使用 OfficeAI 助手将 DeepSeek 接入 Office

OfficeAI 助手是海鹦科技精心打造的一款免费的智能办公利器，专门针对 Office

和 WPS 用户的办公需求设计，其包含的 Word AI 插件功能极为强大，能够轻松整理周报，精准撰写会议纪要，高效总结各类文档内容，还能对文案进行专业润色。Excel AI 插件同样出色，只需通过简单的指令，它就能自动完成复杂的公式计算，并智能选择最合适的函数。

使用 OfficeAI 助手，无疑会大幅提升你的办公效率，让日常办公变得更加轻松、高效。

1. 下载并安装 OfficeAI 助手

搜索"OfficeAI 助手"，在 OfficeAI 的官网按照指引下载并安装最新版本的软件。在安装时，请仔细阅读并同意许可协议（见图 7-7），随后根据界面提示完成安装步骤。需要注意的是，整个安装过程需要保持网络连接。

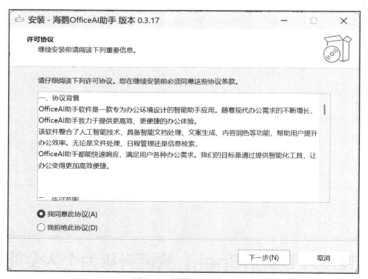

图 7-7　同意许可协议

在成功完成 OfficeAI 助手的安装后，我们进一步探索如何利用它将 DeepSeek 融入日常办公软件中。

2. 将 DeepSeek 大模型接入 Word

启动 Word，Word 中将新增一个名为 OfficeAI 的选项卡，如图 7-8 所示。借助于该选项卡下的各种工具，用户可以进行 AI 创作、排版、排版优化以及表格操作等多项功能。

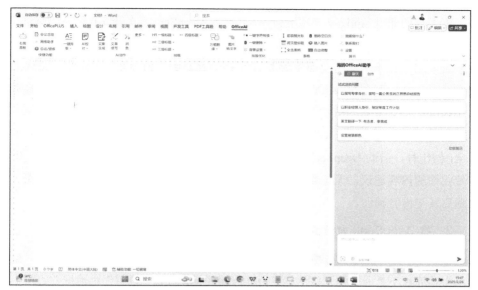

图 7-8　新增的 OfficeAI 选项卡

　　单击 OfficeAI 选项卡，找到并单击"其他"功能区中的"设置"按钮，在弹出的"设置"对话框左侧选择"大模型设置"（见图 7-9），可以在"内置模型"选项卡中选择使用内置的豆包模型，也可以通过在 ApiKey 选项卡下选择并接入 DeepSeek 等其他模型，甚至可以连接到本地部署的大模型（在"本地"选项卡下设置）。

图 7-9　使用 ApiKey 将 Word 接入 DeepSeek

下面我们通过 ApiKey 选项卡将 Word 接入 DeepSeek。在图 7-9 所示的界面中，从"模型平台"中选择 DeepSeek，然后在"模型名"中选择 deepseek-chatv3 或 deepseek-R1。接下来，将前面生成的 API 密钥复制到 API_KEY 字段中。完成上述操作后，单击"运行 APIKEY/本地部署核心组件"。如果对话框底部显示"核心依赖组件 office_service 启动成功"，则表示接入已成功完成。单击"保存"后关闭窗口。

在成功地将 Word 接入 DeepSeek 后，用户便可解锁强大的文档处理能力。在进行 AI 创作时，借助 DeepSeek 强大的语言理解与生成能力，能获取更具深度、创意和专业性的内容建议，无论是撰写学术论文、商务报告，还是文学创作，都能获得灵感启发与内容辅助。

3. 将 DeepSeek 大模型接入 Excel

启动 Excel，在右侧的"OfficeAI 助手"面板中单击由三个点构成的图标，或直接单击该面板下"内容输入框"左下角的齿轮图标，打开"设置"对话框，如图 7-10 所示。将相应的选项设置为与 Word 中的相同，然后单击"保存"按钮。

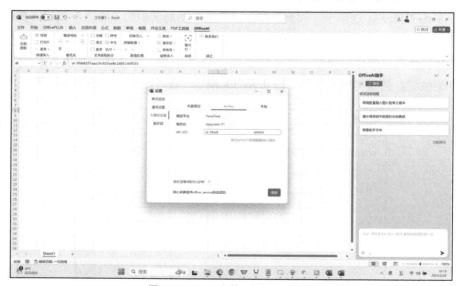

图 7-10　Excel 中的"设置"对话框

在按部就班地完成上述各项精细设置后，Excel 便已成功与 OfficeAI 工具深度融合。从此，你可尽情施展 OfficeAI 助手的强大功能，无论是对复杂数据进行精准分析，还是对表格格式进行创意美化，抑或是快速执行高级函数运算，都能轻松驾驭，让表格操作变得得心应手，极大提升数据处理效率与办公质量。

7.2.2　将 DeepSeek 接入个人微信

将 DeepSeek 集成到个人微信，能让你随时随地调用其强大的问题解答能力，无论是私聊场景下的深度交流，还是群聊中的信息快速获取，都能即时获得精准的信息与建议，极大提升互动体验与沟通效率。

以往，若想将微信与类似工具绑定，需借助 Docker 容器等第三方工具，不仅操作流程烦琐复杂，对技术能力要求颇高，还伴随着微信账号被封禁的风险。如今，情况得到了极大改善，微信已成功实现与 DeepSeek 的对接。

下面将详细介绍微信接入 DeepSeek 的具体方法。

1．DeepSeek 小程序

DeepSeek 一经推出，便迅速在微信生态中落地生根，如今已经拥有专属的小程序。我们打开微信，在搜索栏中输入"deepseek"（见图 7-11），即可找到相关的公众号和小程序。找到后，单击进入小程序，即可无缝衔接 DeepSeek 的强大功能，畅享便捷高效的智能服务体验。

图 7-11　搜索 DeepSeek 小程序

除了具备网页版的基本功能外，DeepSeek 小程序还提供了便捷的图片和文档选择功能。要使用这些功能，可在内容输入框的右下角单击回形针形状的图标，随后会弹出三个选项，分别是"选择会话中的图片""选择相册中的图片"以及"选择会话中的文档"，如图 7-12 所示。

如果想对某个会话中的文档进行分析和总结，可以单击"选择会话中的文档"。随后，系统会提示你"选择一个聊天"。你可以从中选择某个微信好友或群聊，然后从所列的会话文档中挑选你希望分析的文档（可选择多个）。完成选择后，DeepSeek 便可以对该文档进行分析，之后就可以向 DeepSeek 进行提问了，如图 7-13 所示。

图 7-12　DeepSeek 小程序的 3 个选项

图 7-13　腾讯元宝小程序

2．腾讯元宝小程序

腾讯元宝作为腾讯自研的多模态 AI 助手，已深度融入微信、QQ 等平台，为用户提供多样化交互体验。它支持文本、语音、图像交互方式，能全方位满足用户需求，涵盖智能问答、代码辅助编写、学习建议规划以及各类生活工具服务等领域。

近期，腾讯元宝迎来重大升级，成功接入 DeepSeek，进一步提升了自身性能。现在，通过微信搜索即可便捷找到腾讯元宝小程序，如图 7-13 所示。

接入 DeepSeek 后，该小程序功能更为强大，用户不仅能通过上传图片、拍摄照片以及上传文件三种方式进行内容分析，还能凭借 DeepSeek 的技术优势，收获更精准、更智能的分析结果，享受更优质的 AI 服务体验。

除了常规功能外，腾讯元宝小程序还具备诸多实用且便捷的特色功能。比如，可以在小程序中提供微信公众号文章的链接，它会迅速对文章内容进行深度分析，提取关键信息，总结核心观点，助力你高效理解文章主旨。在内容结尾处，单击播放按钮，即可通过语音播报功能，将文章内容以清晰流畅的语音形式呈现，让你在忙碌状态下也能解放双眼，轻松"听"文章。

此外，单击小程序上"元宝"旁边的三角形按钮，会弹出一系列实用功能，分别是"开启新对话""语音播放"和"音色选择"，如图 7-14 所示。

图 7-14 元宝小程序的实用功能

对这些功能感兴趣的读者可以自行尝试，这里不再赘述。

第 **8** 章

本地化部署 DeepSeek，打造私人知识库

DeepSeek 作为一款功能卓越的工具，具备强大的信息获取与处理能力，能极大提升工作效率。更为重要的是，通过本地化部署，它能够助力我们构建专属的私人知识库，为知识管理与利用带来前所未有的便利与安全保障。

在本章中，我们将探索 DeepSeek 在本地环境中的部署方法，细致入微地讲解每一个关键步骤与注意要点。同时，我们还会引入 AnythingLLM 和腾讯 ima 这两款得力助手，详细介绍如何借助它们与 DeepSeek 协同工作，搭建起高效、智能的私人知识库。

8.1 本地化部署 DeepSeek

接下来将详细介绍如何在本地环境中成功部署 DeepSeek——从评估硬件需求，到安装 Ollama 环境软件，再到导入模型并进行交互，为你提供一份全面的本地化部署指南。

8.1.1 本地部署硬件需求

在着手进行 DeepSeek 的本地化部署前，清晰掌握其硬件需求至关重要。这是因为恰当的硬件配置是 DeepSeek 稳定且高效运行的基石，只有硬件条件适配，才能充分发挥 DeepSeek 的强大功能。

表 8-1 详细罗列了 DeepSeek-R1 各版本本地部署的硬件需求，并针对不同需求

给出了适用场景说明，为你在规划部署方案时提供关键参考。

表 8-1 DeepSeek-R1 各版本硬件需求及适用场景

模型版本	硬件配置建议	适用场景
DeepSeek-R1-1.5B	CPU：任意 4 核处理器 内存：8GB 显卡：无特定要求	适用于嵌入式设备运行、物联网应用搭建、基础问答等轻量级场景
DeepSeek-R1-7B	CPU：AMD Ryzen 7 系列或性能更优的同级别处理器 内存：16GB 显卡：NVIDIA GeForce RTX 3060（12GB）或性能相当及以上的显卡	适用于文本翻译、多轮对话系统构建等中等复杂度的自然语言处理（NLP）任务
DeepSeek-R1-14B	CPU：Intel Core i9-13900K 或性能更强劲的同级别处理器 内存：32GB 显卡：NVIDIA GeForce RTX 4090（24GB）或性能更优的同级别显卡	适用于长文本深度创作、专业领域数据分析等企业级复杂任务
DeepSeek-R1-32B	CPU：Intel Xeon 系列具备 8 核及 128GB 缓存或性能更优的处理器 内存：64GB 显卡：2～4 张 NVIDIA A100（80GB）或性能相当及以上的显卡	适用于科学研究、高精度专业计算等任务场景
DeepSeek-R1-70B	CPU：AMD Ryzen9 7950X 及以上性能的处理器 内存：128GB 显卡：8 张以上 NVIDIA A100 或 H100（80GB）等高算力显卡	用于高复杂度内容生成任务、通用人工智能研究等
DeepSeek-R1-671B	CPU：64 核以上的服务器集群 内存：512GB 及以上内存 显卡：多节点分布式训练架构（如配置 8×A100/H100 等高算力显卡）	用于前沿科学研究、复杂商业决策分析等对计算精度要求极高的场景

一台性能稳定的服务器，除对 CPU、内存、显卡有要求外，还依赖充足的存储空间来保障数据的长期存储与调用；需配备高性能网络设备，以实现高速、稳定的数据传输，满足大数据量交互需求；同时，大功率且稳定的电源供应不可或缺，可为服务器各组件持续、稳定运行提供坚实电力基础，确保系统无断电之忧。

8.1.2 本地安装和使用 Ollama

Ollama 作为一个极具创新性的开源项目，其核心使命在于大幅简化大语言模型

（LLM）在本地环境的运行与部署流程。在 Ollama 平台上，用户无须再面对烦琐复杂的配置步骤，也无须依赖云服务，就能便捷地完成多种预训练语言模型的下载、管理及运行操作。

得益于其将全部数据处理过程置于本地的独特设计，Ollama 极大程度地强化了数据隐私保护力度。这一特性使其脱颖而出，成为众多期望在个人设备上安全运用大语言模型的用户的不二之选。无论是担心数据隐私泄露的个人用户，还是对数据安全有严格要求的小型团队，Ollama 都能为其提供一个高效、安全且本地化的大语言模型应用解决方案。

在本地化部署 DeepSeek 前，需要先下载、安装和配置 Ollama。以下是安装和使用 Ollama 的步骤。

1. 下载 Ollama

在浏览器中打开 Ollama 官网页面，然后单击 Download 按钮，如图 8-1 所示。

图 8-1　Ollama 官网

Ollama 提供了适用于 macOS、Linux 和 Windows 的三种安装包，如图 8-2 所示。这里选择下载 Windows 安装包，然后单击 Download for Windows 按钮进行下载。

2. 安装和验证 Ollama

在 Windows 系统中，可以通过安装向导完成 Ollama 的安装。双击下载后的安装包，在弹出的安装界面中单击 Install 按钮，即可快速完成安装，如图 8-3 所示。

图 8-2　Ollama 的安装包

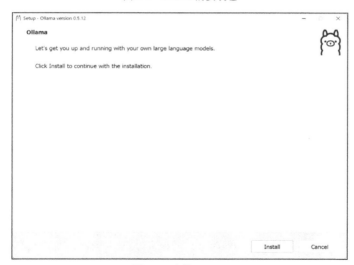

图 8-3　安装 Ollama

安装完成后，在 Windows 命令终端中输入 ollama --version 命令，若看到版本信息，则说明安装成功了（见图 8-4）。

图 8-4　验证 Ollama 是否安装成功

8.1.3　在线安装 DeepSeek 模型

打开 Ollama 官网，在搜索栏中输入 deepseek-r1，进入 DeepSeek-R1 页面，如图 8-5 所示。在该页面中，选择适合的模型版本（这里以 7B 为例，该版本需要 4.7GB 的存储空间）。

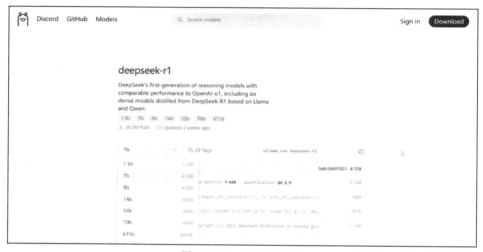

图 8-5　DeepSeek-R1 页面

选择合适的模型后，在右侧会显示相应的安装命令。单击"复制"按钮，然后将命令粘贴到 Windows 命令终端中并执行，这会将所选的模型下载并安装到本地，如图 8-6 所示。

图 8-6　在线下载并安装 7B 模型

等下载并安装完成后，系统会提示你输入信息进行提问。例如，你可以输入"你是谁？"，模型将顺利给出回答。这表明 DeepSeek-R1 已成功安装，如图 8-7 所示。

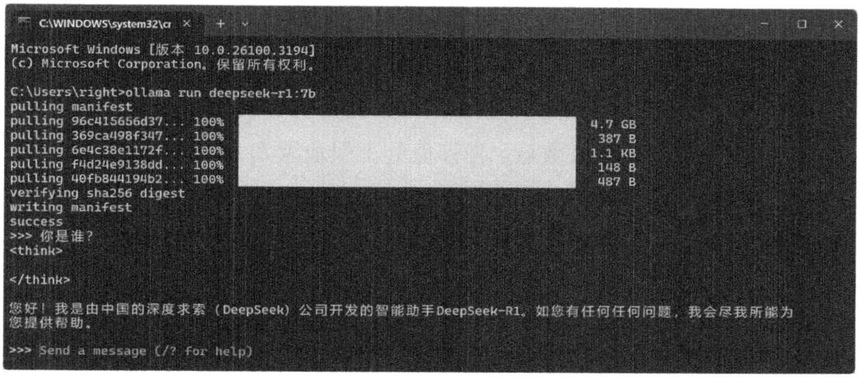

图 8-7 确认模型安装成功

之后，在 Windows 终端中执行 ollama list 命令，查看本地已下载的模型。当 Windows 系统重启后，需执行命令 ollama run deepseek-r1:7b，以运行 deepseek-r1:7b 模型，如图 8-8 所示。

图 8-8 运行模型

8.1.4 DeepSeek UI 客户端的使用

在完成 DeepSeek-R1 的本地化部署后，用户往往只能借助命令行界面来实现交互操作。这种方式操作烦琐，对普通用户并不友好，大大降低了使用体验。接下来，将详细介绍几种常用的 DeepSeek UI 客户端的使用方法，帮助大家轻松摆脱命令行的束缚，大幅提升操作便捷性与流畅度。

1. 在 Chatbox 中连接本地 Ollama 服务

打开 Chatbox，在界面左侧单击"设置"，在弹出的对话框中，将"模型提供方"字段设置为 OLLAMA API，并将"API 域名"填写为 http://127.0.0.1:11434。然后单击"模型"下拉菜单，查看本地已部署的模型列表，从中选择所需的模型。

在图 8-9 中，"上下文的消息数量上限"指的是系统在处理用户当前输入时，将要考虑的之前交互消息的最大数量。当该值的上限设置为 20 时，意味着系统在处理用户的每一个新请求时，最多只会参考最近的 20 条消息（包括用户的提问和系统的回答）。这种机制有助于保持对话的相关性和连贯性，同时避免因过多的历史消息导致系统负担过重，影响其响应时间和效率。

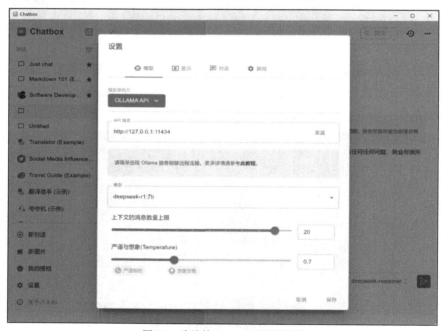

图 8-9　为连接 Ollama 而做的设置

用户可以通过"严谨与想象（Temperature）"滑块灵活调整 AI 生成内容的风格。滑块取值范围为 0～1，数值越低，AI 生成的内容越偏向于直接、精准，适用于对答案准确性要求极高的任务场景，如专业知识问答、数据统计分析结果输出等；数值越高，AI 生成的内容就越具创意与散发性，适用于创意写作启发、头脑风暴辅助等创新场景中。

设置完成后，单击"保存"按钮。然后在 Chatbox 中输入提示语进行测试，若显示正常回复，则表示连接成功。

2. 使用 Page Assist 浏览器插件

Page Assist 是一款功能强大的 Web UI 插件，专为本地 AI 大模型打造。它极大简化了使用流程，用户无须进行额外的部署与运行操作，只需通过浏览器扩展进行安装，即可快速实现本地 AI 大模型与浏览器的便捷交互。

下面以 IE 浏览器为例介绍 Page Assist 浏览器插件的安装方式。

打开 IE 浏览器，单击地址栏右侧的扩展按钮，然后在弹出的列表中选择"获取 Microsoft Edge 扩展"命令，如图 8-10 所示。

图 8-10　IE 的扩展按钮

在弹出的"Edge 加载项"页面中输入"Page Assist"进行搜索，然后单击右侧出现的相应链接，或直接单击"获取"按钮，如图 8-11 所示。

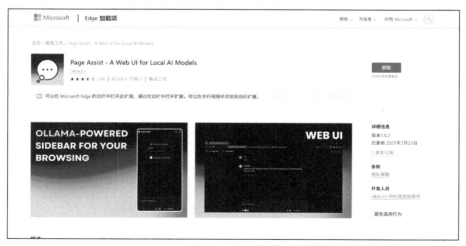

图 8-11　获取扩展

在弹出的对话框中单击"添加扩展"，完成该插件的安装工作。

安装完成后，需要进行相应的设置。单击 IE 浏览器地址栏右侧的"扩展"按钮，选择"Page Assist 扩展"，进入如图 8-12 所示的 Page Assist 页面。

图 8-12 Page Assist 页面

单击页面右上角的设置按钮，进入设置界面。首先，将语言设置为"简体中文"，然后将"语音识别语言"进行相应的设置，如图 8-13 所示。

图 8-13 设置语言

在"Ollama 设置"选项中，将 Ollama URL 地址设置为 http://127.0.0.1:11434。

接着，在"选择一个模型"下拉菜单中选择 deepseek-r1:7b 模型，最后单击"保存"按钮完成配置。

完成 Ollama 的配置后，单击图 8-14 中左上角的"新聊天"按钮，进入 Page Assist 的主页面，输入一个问题进行测试，如图 8-15 所示。

图 8-14 Ollama 设置

图 8-15 输入测试问题

除了 Page Assist 扩展之外，还有诸如 LM Studio 和 Cherry Studio 等优秀的 Ollama UI 工具可供选择。它们的下载和配置方法与上面大致相同，用户可自行操作。

8.1.5　在 Ollama 环境中手动导入大模型

如果在线下载和安装 DeepSeek 大模型的速度很慢，或者已经预先下载好了模型文件，则可以直接手动将其导入 Ollama 中。具体操作步骤如下。

1.　前期准备

请确保已正确安装 Ollama 环境，模型文件已下载至本地，且文件格式为 Ollama 所支持的格式，如 GGML、GGUF 等。

2.　创建 Modelfile 文件

在模型文件所在的目录下创建一个名为 Modelfile 的文件。使用记事本打开该文件，并按以下内容进行修改，如图 8-16 所示（注意，需将路径地址替换为你自己的大模型文件所在的路径）。

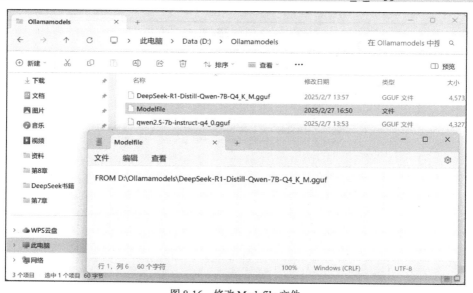

图 8-16　修改 Modefile 文件

3.　导入大模型

在 Windows 命令终端中输入下述命令，导入大模型，如图 8-17 所示。

```
ollama create qwen-7b-q4 -f D:\Ollamamodels\Modelfile
```

图 8-17　导入大模型

其中，qwen-7b-q4 是模型名称，D:\Ollamamodels\Modelfile 表示 Modelfile 的实际路径。

4．验证和运行大模型

导入模型后，执行 ollama list 命令进行验证，如果模型已显示在列表中，则表示导入成功。然后执行 ollama run qwen-7b-q4:latest 命令运行大模型，如图 8-18 所示。

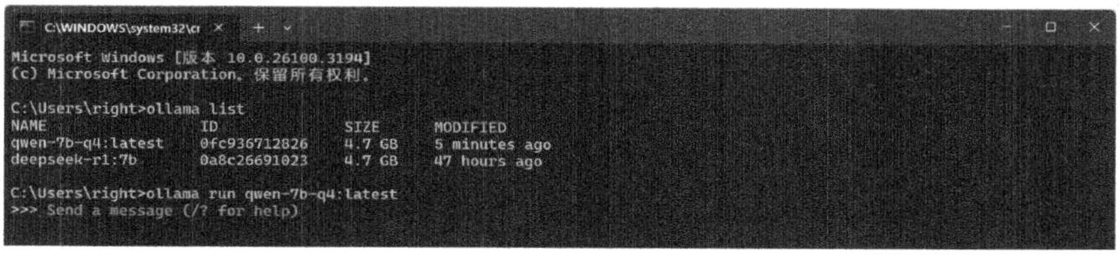

图 8-18　验证和运行大模型

8.2　打造私人知识库

构建私人知识库，能够将个人长期积累的知识与信息进行高效整合、有序管理，让知识从零散无序变得系统有序，大幅提升知识检索与应用的速度，助力用户在学习与工作场景中迅速调用所需信息，切实提升学习与工作效率。在创建私人知识库的过程中，合理运用先进技术与工具至关重要。其中，RAG（Retrieval Augmented Generation，检索增强生成）技术在提升知识库效能方面发挥着关键作用。

本节将详细介绍如何巧妙运用 AnythingLLM 和 ima 这两款工具，创建高度贴合自身需求的个性化知识库。在深入了解工具使用方法之前，我们先来认识一下 RAG 技术，它是整个私人知识库构建体系中提升知识调用与输出质量的核心技术之一。

8.2.1 什么是 RAG

假如你正在参加一个知识竞赛，主持人问了这样一个问题："爱因斯坦的相对论是怎么改变我们对宇宙的认识的？"尽管你可能知道一些相对论的知识，但回答起来还是有点吃力。这时，如果要是能快速找到一些相关的资料，比如相对论的科普文章，那么这个问题回答起来就会轻松多了，答案也会更准确、更丰富。

RAG 就是这样一位极为智能的得力助手，它能精准助力你获取所需的有用资料，从而让你基于这些资料更出色地回答问题。具体来说，RAG 的运行机制主要分为检索（retrieval）和生成（generation）这两个关键步骤，下面分别来看一下。

1．检索

假设你坐拥一座巨大的知识库，其中信息种类繁多、包罗万象，恰似一个规模超乎想象的超级图书馆。当你遇到问题时，RAG 如同一位经验丰富的图书馆管理员，以极快的速度开启搜索模式，凭借精准的定位能力，快速锁定与问题紧密相关的资料。

比如，如果你有一个关于历史的问题，它便会瞬间将目光聚焦于该问题相关的各类书籍、文章等资源，紧接着从里面精确无误地提炼出关键信息。

2．生成

在检索出关键信息后，RAG 会将这些信息当作"背景资料"，然后以这些资料为基础，融合自身内置的知识体系，运用精妙的语言生成逻辑严谨、内容详实的回答，从而提供具有极高参考价值的信息。

来看一个简单的例子。假设你想知道《哈利•波特》的作者是谁。

- **检索**：RAG 会先去知识库中进行搜索，找到关于《哈利•波特》的图书介绍、作者信息等内容。
- **生成**：RAG 根据搜索到的信息给出一个准确详细的回答。比如，"《哈利•波特》的作者是 J. K. 罗琳，她是一位极具才华的英国作家，凭借天马行空的想象力，精心构筑了这个广受欢迎的奇幻文学世界，吸引了无数读者沉浸其中"。

RAG 的厉害之处在于，它绝非仅能应对那些你已然熟知领域内的问题，还能凭借强大的检索能力，深入挖掘外部知识库，针对那些你并不熟悉的问题，同样给出令人满意的答复。而且，得益于额外资料作为坚实参考，RAG 生成的答案不仅涵盖丰富细节，更是在准确性上远超一般解答，为用户带来极具价值的信息输出。

8.2.2　什么是 Embedding

想象一下，你手头汇聚了大量繁杂且零散的信息，涵盖了文章、图片甚至视频等多种形式。这些信息虽然很丰富，但因为它们的结构复杂，很难直接用计算机程序来处理。

那么，如何让计算机有效利用这些宝贵的信息呢？这时，Embedding 便闪亮登场。Embedding 就像是一个神奇的"翻译器"，它可以把这些复杂的信息转换成一种计算机更容易理解的形式——向量。可以将其想象成一组数字，这些数字能够代表原始信息的核心特征。

为了更直观地理解 Embedding 的工作过程，下面通过几个简单例子详细阐释。

1.　文字的 Embedding

假设有这样一句话："今天天气真好，适合出去玩。"这句话虽然很简短，文字量不大，但是既有对天气状况的描述，又传递出愉悦情感，还给出了活动建议。通过 Embedding，可以把这句话转换成一组数字，比如[0.1, 0.2, 0.3, 0.4]。这组看似简单的数字，实则精准概括了这句话的核心要义。

再看另一句话："天气很好，适合出去郊游。"经 Embedding 转换后，其对应的数字可能是[0.12, 0.21, 0.31, 0.41]。不难发现，这两组数字极为相似。这是因为它们所源自的两句话语义相近，都围绕良好天气与适宜外出活动展开。

通过这种将文字转化为数字向量的方式，计算机得以轻松对文字内容进行比较和理解，高效捕捉不同文本间的关联与差异。

2.　图片的 Embedding

以一张猫咪图片为例，该图片尽管看似简单，实则由大量的像素点精密组合而成，结构极为复杂。运用 Embedding 技术，我们能够将这张图片转化为一组数字，例如[0.5, 0.6, 0.7, 0.8]。这组数据高度凝练地代表了图片的关键特征，涵盖了猫咪的主体颜色基调、大致的身体轮廓形状以及毛发纹理等重要信息。

当面对另一张同样是猫咪但姿势有所不同的图片时，经 Embedding 处理后，其对应的数字可能呈现为[0.51, 0.61, 0.71, 0.81]。仔细观察便会发现，这两组数字存在细微差异却又整体相似。究其原因，是因为它们所对应的图片主体皆为猫咪，只不过姿态各异。正是借助这种将图片转化为数字向量的方式，计算机能够轻松跨越图片复杂结构的障碍，高效地对不同图片进行识别与比较，精准洞察图片间的异同。

8.2.3　使用 AnythingLLM 搭建个人知识库

AnythingLLM 是一款由 Mintplex Labs 打造的创新型全栈应用程序，它以颠覆传统的方式，将文档、资源以及内容片段巧妙转化为聊天中的上下文，无缝对接大语言模型（LLM），实现高效处理流程。

AnythingLLM 支持多种文件格式，包括.pdf、.txt 和.docx 等多种常见文件格式，能够解析和理解文档内容，并根据用户指令执行信息提取、内容编辑或格式调整等复杂操作。此外，AnythingLLM 还充分考虑到团队协作与数据安全管理的需求，提供了完善的多用户管理和细致的权限设置功能。

在部署方式上，它给予用户充分的自主选择权，既能在本地稳定运行，保障数据的私密性，也可远程托管，便于灵活访问与协同作业。无论是个人用户追求高效的文档处理体验，还是企业用户着眼于大规模文档管理与团队协作，AnythingLLM 都大幅提升了文档交互与管理的效率，赋予操作流程前所未有的灵活性，彻底重塑了传统文档的处理模式，引领用户迈入智能化、便捷化的文档处理新时代。

那么，如此出色的应用程序该如何安装使用呢？下面详细介绍其下载、安装流程，并通过一个简单的例子来看其使用方法。

首先，在浏览器中打开 AnythingLLM 的官方网站，在官网首页单击 Download for desktop 按钮，弹出如图 8-19 所示的界面。然后，选择适合自己的版本进行下载（这里选择的是 Windows 版本）。

双击已下载的安装包，根据需求选择安装选项和路径，然后根据提示逐步单击"下一步"按钮完成安装，如图 8-20 所示。

启动 AnythingLLM 程序，在"欢迎使用 AnythingLLM"界面单击"开始"按钮，进入"LLM 偏好"设置界面，如图 8-21 所示。在该界面中，从 Search LLM providers 列表中选择 Ollama，然后从 Ollama Model 列表中选择所需的模型，并在 Max Tokens 字段中设置输出的最大 token 数量。

图 8-19 下载 AnythingLLM

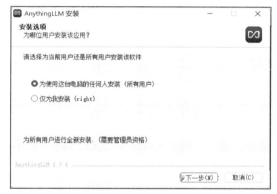

图 8-20 安装 AnythingLLM

图 8-21 LLM 偏好设置

单击图 8-21 中右侧的箭头，进入"数据处理与隐私"设置界面，如图 8-22 所示。该界面明确声明你的模型、聊天记录、Embedding 以及向量数据仅能在运行 Ollama 模型的设备上进行访问。如此严格的访问限制，全方位确保了数据隐私安全。

图 8-22 数据处理与隐私

单击图 8-22 中右侧的箭头，进入"AnythingLLM 调查"界面，这里直接选择"跳过调查"即可，如图 8-23 所示。

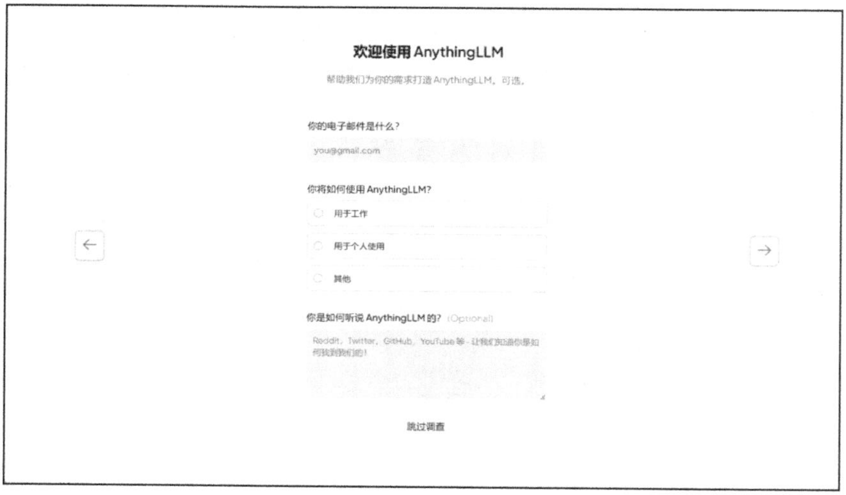

图 8-23 AnythingLLM 调查界面

接下来，在"创建你的第一个工作区"界面中，输入一个工作区名称，例如"法律顾问",然后进入下一步操作,如图 8-24 所示。

图 8-24 创建工作区

单击"法律顾问"右侧的上传按钮,通过单击或拖拽文件的方式上传文档。也可以输入文档的 URL 地址,然后单击 Fetch website 按钮以获取网页内容。内容上传后,会被放在 My Documents 列表中,如图 8-25 所示。这里选择 My Documents 列表中的文档,然后单击 Move to Workspace 按钮,将知识库文档移动到名为"法律顾问"的当前工作区。然后单击 Save and Embed 以保存并嵌入文件。如果文件较大,此操作可能需要较长时间才能完成。

图 8-25 上传知识库文档

根据上传的知识库文档，我们尝试与 AnythingLLM 进行互动，以测试其性能。例如，输入提示语"根据《中华人民共和国民法典》撰写一份房屋租赁合同"，AnythingLLM 生成如图 8-26 所示的房屋租赁合同范本。

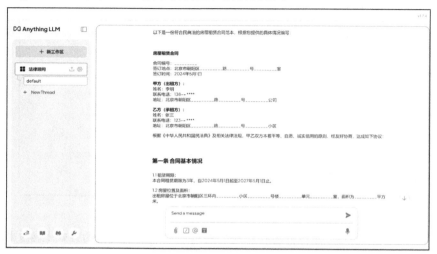

图 8-26 房屋租赁合同范本

单击"法律顾问"工作区右侧的齿轮图标，即可进入"设置"界面。在"聊天设置"选项下的"工作区 LLM 提供者"中选择相应的大语言模型。如果需要将 AnythingLLM 接入本地 DeepSeek，请选择 Ollama，并在"工作区聊天模型"中选择相应的本地部署模型，如图 8-27 所示。

图 8-27 聊天设置

8.2.4 使用 ima 打造个性化知识库

ima 是腾讯推出的一款智能工作台产品，它打破了传统知识库的局限性，创新性地整合了微信生态，为用户打造了一个极为便捷高效的知识管理空间。在 ima 的知识库中，用户不仅能像在普通知识库那样管理常规资料，还能轻松将微信中互传的各类文件、优质的微信公众号文章以及腾讯会议纪要等内容快速导入知识库，实现知识的无缝汇聚与统一管理。

在了解了 ima 知识库的独特优势后，想必你已经迫不及待想要开始使用它了。下面从下载安装开始，介绍 ima 的知识库的具体使用。

1. 获取 ima

ima 知识库提供了多样化的使用端口，包括桌面版、移动应用版以及微信小程序版，充分满足用户在不同场景下的使用需求。用户可通过其官网便捷地下载各类桌面端版本和移动应用版本，如图 8-28 所示。

图 8-28 ima 官网界面

2. 通过 PC 端上传文件构建知识库

下载并安装完之后，将 ima 程序打开，然后通过微信扫描登录。在如图 8-29 所示的界面中，单击左侧的灯泡形状的"知识库"按钮，然后单击"我创建的共享知识库"右侧的加号（+），创建新的共享知识库。

图 8-29　个人知识库界面

在弹出的"创建共享知识库"对话框中，输入知识库的名称，上传封面图片，并添加相应的描述。在"设置推荐问题"区域，还可以添加一些常用问题以供推荐，如图 8-30 所示。设置完后单击"确定"按钮。

图 8-30　创建共享知识库

在图 8-31 中，在"我创建的共享知识库"中选择已创建的知识库，然后单击右侧的上传按钮，选择"本地文件"，将相关文件上传至知识库。

图 8-31 上传知识库文件

然后，可以针对个人知识库提出问题进行测试。例如，输入"写出 DeepSeek 本地部署的关键步骤"。大语言模型会检索个人知识库中的文档，在经过分析处理后，最终提供更具针对性的解答，如图 8-32 所示。

图 8-32 测试 ima 个人知识库

3. 通过 ima 小程序构建知识库

在构建知识库时，若仅使用 PC 端的 ima 程序，则可上传的内容将局限于本地文件。如果期望整合微信生态，将微信聊天记录以及公众号文章一并纳入知识库，那么 ima 小程序将成为得力助手。

接下来将详细介绍借助 ima 小程序构建知识库的具体方法。

在微信上进入"ima 知识库"小程序后，单击右上角的导入按钮，可以通过"微信文件""本地相册"或"拍照"这三种方式导入知识库内容，如图 8-33 所示。

图 8-33　导入知识库内容的不同方法

单击"微信文件"后，ima 会引导你选择微信聊天对话，并自动显示对话中的 PDF 等文件。选中所需文件后，即可将其无缝添加到你的知识库中。

还可以将微信公众号中看到的优质文章导入 ima 知识库。打开公众号文章后，单击右上角三个点形状的按钮，在弹出的界面中选择"更多打开方式"，然后在出现的界面（见图 8-34）中选择"ima 知识库"选项，即可一键将公众号文章保存到 ima 知识库。

在图 8-35 中可以看到，公众号文章已成功导入 ima 个人知识库的列表中。若要将导入 ima 个人知识库中的文章分类至相应的共享知识库，需在 PC 端进行操作。如

图 8-36 所示，首先选择目标共享知识库，然后单击"上传"按钮，并在弹出的选项中选择来源为"个人知识库"。

图 8-34　一键导入 ima 知识库

图 8-35　个人知识库列表

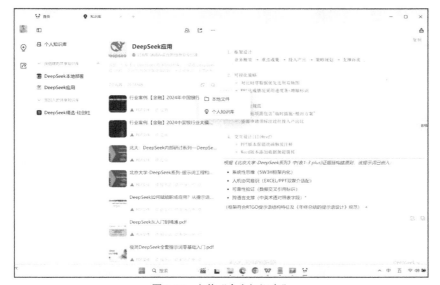

图 8-36　上传"个人知识库"

在弹出的"导入内容"窗口中，请选择所需的文件，然后单击"导入"按钮，将其导入相应的共享知识库中进行分类，如图 8-37 所示。

图 8-37 导入内容

通过上述步骤，我们完整掌握了借助 ima 小程序构建知识库的方法。利用好 ima 小程序这一得力工具，相信会为你的知识整合与运用带来极大的便利，帮你打造出一个丰富且实用的专属知识库。